頭裡？心臟裡？「心」在哪裡？

U0017747

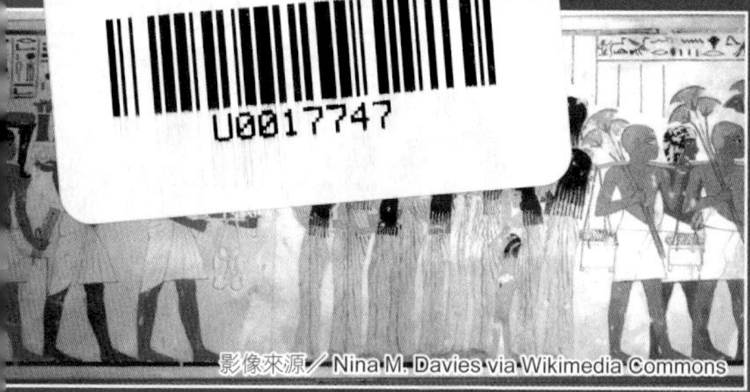
影像來源／Nina M. Davies via Wikimedia Commons

心到底在哪裡？關於這一點，到現在大家還是議論紛紛。以前的人也像現在一樣，提出過各種學說呢！

柏拉圖

古希臘醫師希波克拉底在其著作《神聖的疾病》中，提出心位於腦的學說。古希臘哲學家柏拉圖也認為心在頭部裡面。

影像來源／George E. Koronaios via Wikimedia Commons

亞里斯多德

古埃及認為心位於心臟和子宮。古希臘哲學家亞里斯多德也認為人的心臟負責控制思考與情感。

影像來源／solut_rai via Wikimedia Commons

一起來探索！大腦內部長什麼樣？

隨著科技的進步，如今人類已經能用各種方式觀察大腦內部。接下來為各位介紹其中幾種方法。

利用PET（正子斷層造影）拍攝的腦部照片

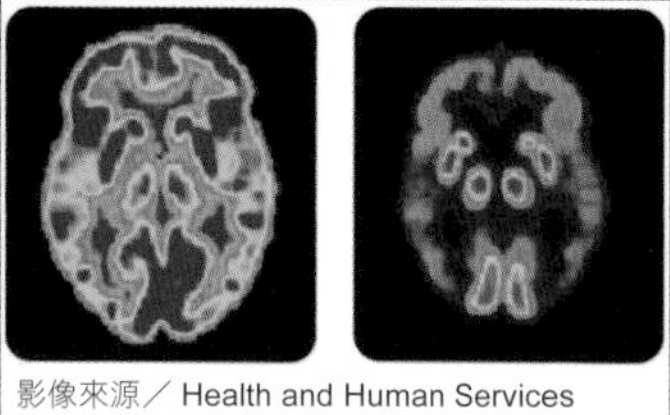

影像來源／Health and Human Services Department, National Institutes of Health, National Institute on Aging

PET是將放射正電子的顯影劑注射至體內，藉由拍攝體內放射線分布的方式，檢測體內的各種作動狀況。有助於早期發現癌症與阿茲海默症等各種疾病。

利用螢光顯微鏡拍攝的神經細胞

螢光顯微鏡是一種光學顯微鏡，以紫外線照射觀察對象，觀察發出的螢光。

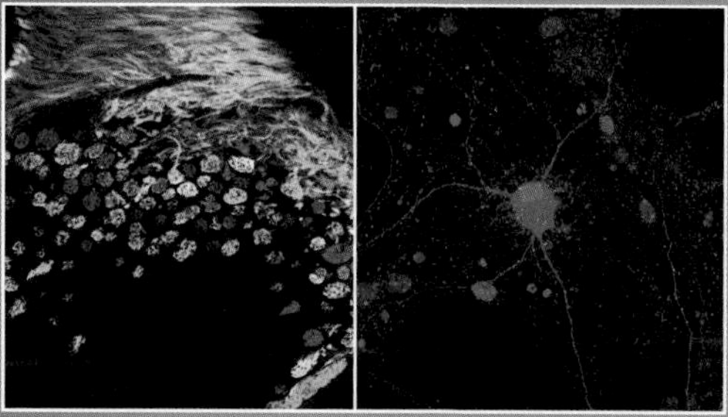

影像提供／池谷裕二　　影像提供／池谷裕二

◀左起為處理味覺資訊的嗅球細胞，以及海馬迴細胞的一部分。

▶海馬迴的齒狀迴。

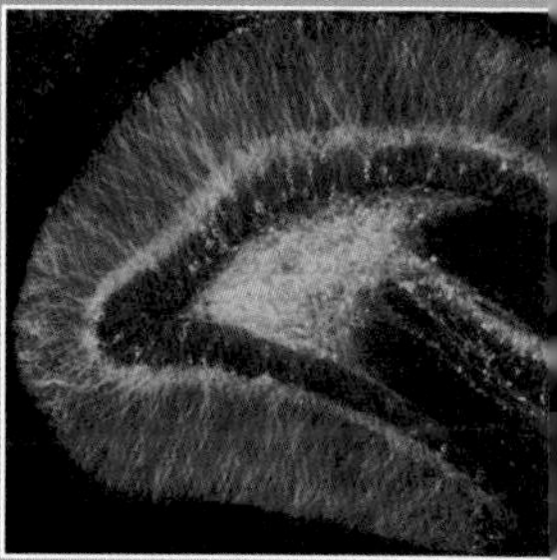

影像提供／池谷裕二

未來的可能性擴展！腦研究與機器人

近年來，將大腦研究成果運用在機器人的研究計畫蓬勃發展，以下為各位介紹幾個超乎想像的新型機器人。

鼠型機器人「Cyber Rodent」

影像提供／OIST（沖繩科學技術研究所大學）

這款鼠型機器人內建可自我學習的「強化學習」程式，會根據自己採取行動後獲得的「報酬」與「懲罰」，判斷哪些行為是正確的。簡單來說，它只要嘗試各種行為就能持續進化。

腦機介面（BMI／又稱人機介面）

透過導電薄膜檢測與解讀腦波，只要利用念力就能操縱並活動「機器手臂」。若能成功實用化，即可幫助因為受傷或疾病導致手部癱瘓的人。

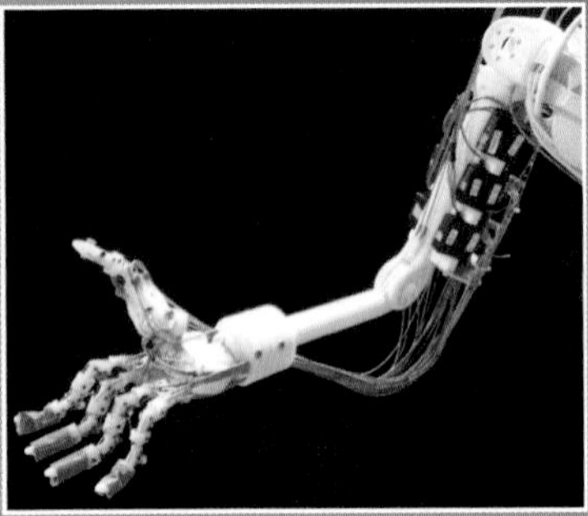

影像提供／大阪大學醫學系研究科

AI 從自身的錯誤經驗學習，採取最佳行動的方法稱為「強化學習」。最有名的是近幾年打敗圍棋冠軍的 AI 機器人使用的演算法。這款「類人型機器人 CBi」藉由強化學習，學會籃球員的投籃動作。

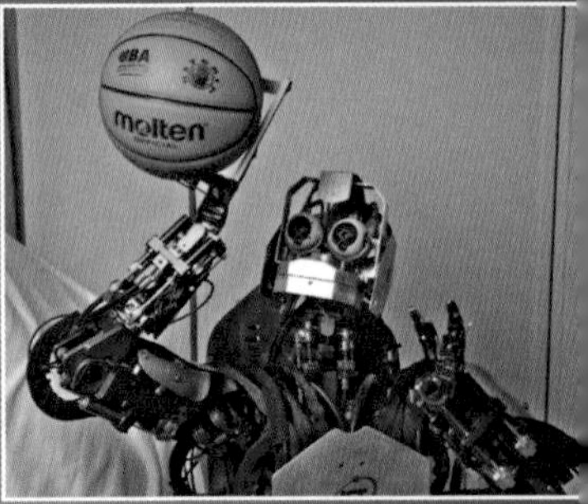

影像提供／日本國際電氣通信基礎技術研究所

影像提供／日本產業技術綜合研究所

透過腦波向機器人下達選擇指令的「神經通訊器」（上方照片）。只要在腦中指定畫面顯示的選項，機器人就會做出相對應的動作（右方照片）。除了本頁介紹的機器人之外，人類也正在研究將腦中想法轉化成文章的 AI 技術。

影像提供／日本產業技術綜合研究所

大腦的神奇機制！一起體驗視錯覺

人類的大腦和眼睛出現「暫留」現象，就會產生視錯覺（視覺上的錯覺）。詳細內容可參照第113頁，不過各位可以先在這裡體驗視錯覺的感覺。

※ 每個人對於視錯覺的反應皆不同，如果各位看到的結果與書中解說不一樣，無須擔心。

漩渦是由幾種顏色組成的？

看起來像是「黃綠色漩渦（黃綠＋橘色）」與「偏藍色漩渦（藍色＋紅色）」。構成兩個漩渦的「黃綠色」與「藍色」其實是同一個顏色。這是由兩個相鄰的顏色造成的視錯覺。

© Akiyoshi Kitaoka 2003　© KANZEN

小四方形中的條紋是什麼顏色？

大四方形裡的小四方形條紋，看起來是什麼顏色？
事實上，紅色條紋全都是同一種顏色。

© Akiyoshi Kitaoka 2005　© KANZEN

神奇的隆起處？

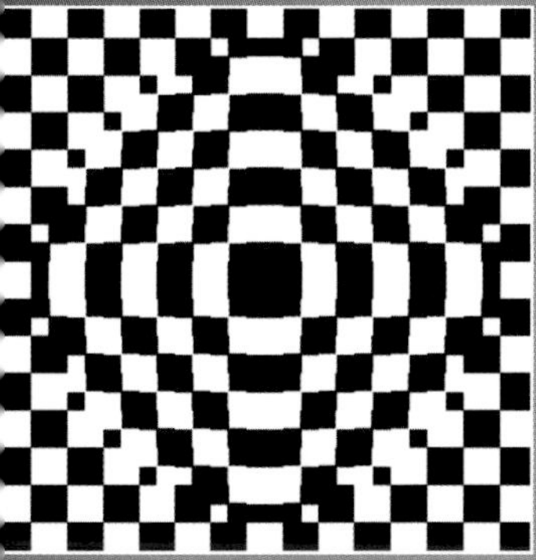

中間部分看起來像是往上隆起。其實這張圖全是由垂直和水平方塊構成，但視覺上中間呈現往上隆起的感覺。

© Akiyoshi Kitaoka 2016　© KANZEN

草莓是什麼顏色？

上圖中各位看到的草莓是什麼顏色？事實上，這張圖片中的草莓都是用青色（cyan）構成的，沒有用到任何一絲紅色，但為什麼有些人還是會看到紅色草莓呢？

© Akiyoshi Kitaoka 2017　© KANZEN

旋轉蛇

明明沒動，但圖片裡看起來像蛇的漩渦圖案看起來像是在轉動似的。感覺整個人都快被吸進去。

© Akiyoshi Kitaoka 2003　© KANZEN

心意相通的方式各有不同！生物的溝通型態

除了人類之外，其他生物也有心嗎？
一起了解生物們的溝通方式吧！

丹頂鶴

影像來源／photoAC

雄性與雌性丹頂鶴會在繁殖期跳「求偶舞」。丹頂鶴可以透過求偶舞找到配對的另一半。

海豚

影像來源／photoAC

海豚是一種具有高度智慧的生物。科學家已經證實，牠們能利用十幾種聲音與同伴溝通。

犀牛

影像來源／Ikiwaner via Wikimedia Commons

各位知道犀牛是靠糞便溝通的嗎？犀牛的視力不好，牠們嗅聞公共廁所裡夥伴的糞便，了解誰正在發情、誰生了小寶寶，或者是否有新的雄犀牛到來。

蜜蜂

影像來源／Louise Docker via Wikimedia Commons

蜜蜂也是靠跳舞與夥伴溝通，最有名的是八字舞。蜜蜂透過舞蹈，傳遞食物的方向和距離等訊息。

黑猩猩

影像來源／USAID Africa Bureau

大家都知道黑猩猩是智商很高的動物，牠們透過表情、叫聲與肢體動作，向夥伴表達自己的狀況。只要經過訓練，黑猩猩可以理解近百種人類的詞彙。

哆啦A夢
DORAEMON

知識大探索

KNOWLEDGE WORLD

心與大腦窺探器

哆啦A夢知識大探索

心與大腦窺探器

目錄

關於這本書

這是一本可以一邊閱讀哆啦A夢漫畫，一邊學習與「心」相關的知識，既有趣又有益的書。

各位可曾深入思考過什麼是「心」？大家都有心，卻看不見。而且不僅無法掌握，也不知道心究竟是什麼？相信許多人都有這個印象。

心是讓我們成為一個人最重要的因素。當一個人沒有心，就感受不到快樂、感動，也無法哭泣、歡笑與憤怒。不僅如此，記住新的知識或學習內容，也與心有關。心和身體一樣，有時候也會失調。本書將以淺顯易懂的方式，解說心的功能與大腦之間的關係、情感、心理學、動物的心、心理失調等內容。

若各位覺得本書內容有些艱澀，不妨設身處地思考一下自己的「心」。相信各位一定會覺得內容簡單明瞭，認知也會更深刻。

衷心希望本書有助於各位開始思考自己的「心」。

※未特別載明的數據資料，皆為二〇二一年八月的資訊。

用這個可以看見對方的心情是晴天、陰天還是雨天……

人家說人類是感情的動物，
高興時會開心，難過時會大聲哭泣。
讓自己的表情生動一點嘛。
話是沒錯……但是這副無聊表情是天生的啊。

窺視心中的祕密

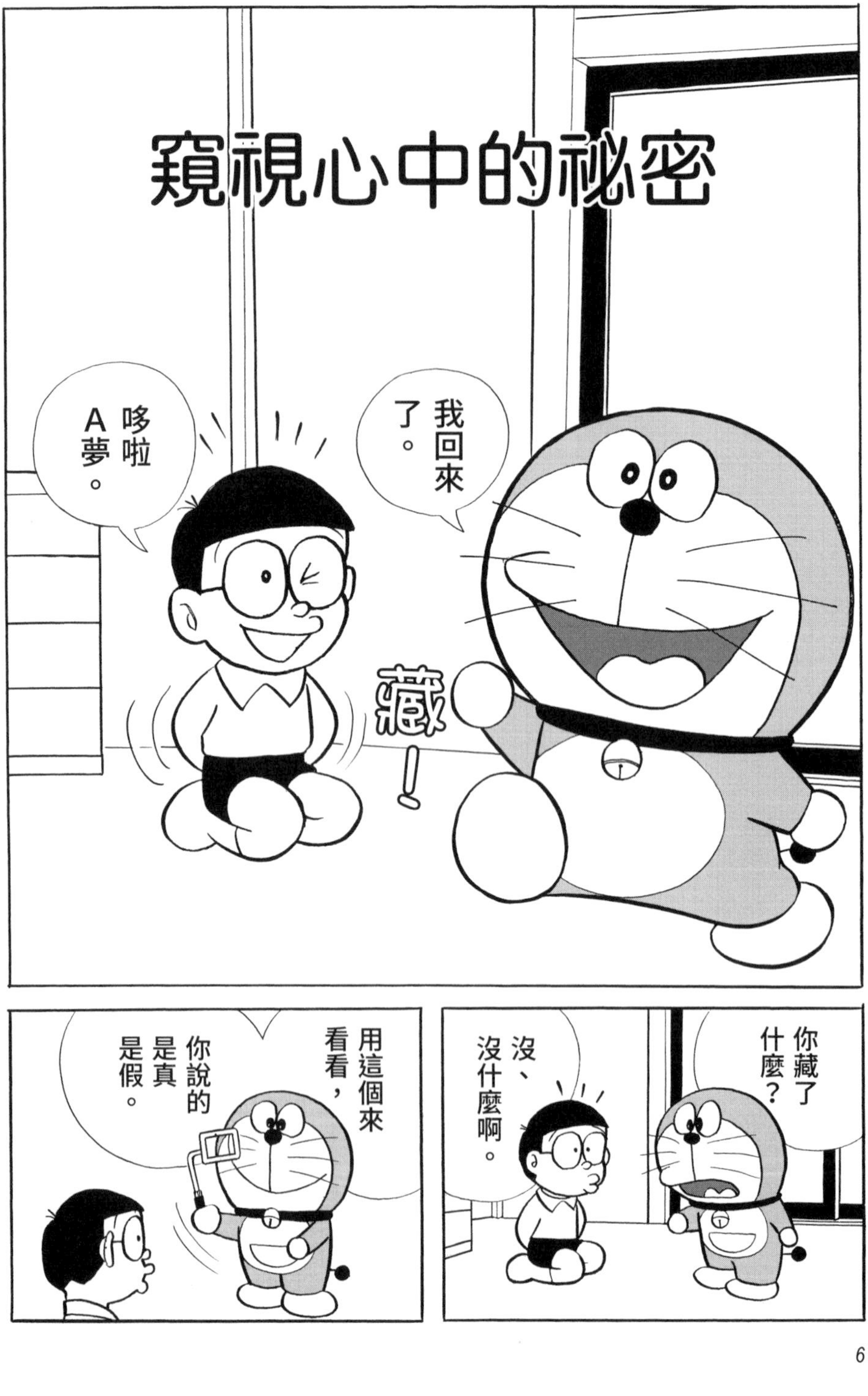

看到了。
把蛋糕拿出來吧。
你怎麼知道？
用這個可以具體看到別人想的事情。
真的嗎？
借我玩玩。
我出門去買東西。
媽媽，等一下。
今晚要做咖哩吧？

惡作劇，結果被媽媽罵了。
這股悶氣，要找人發洩一下。
小夫，過來。
有什麼好東西嗎？
勸你最好快逃，他要打你喔。
可惡！你怎麼知道？
也能看到這隻狗在想的事吧？
奇怪？

心與大腦窺探器Q&A

Q 俗話說「兒女不知父母●」，請問●是哪一個字？①臉 ②心 ③話

※左顧右盼

A ②心。意思是孩子不知道父母的內心是怎麼想的，總是任性妄為，不顧慮父母。「父母心」也是大家很常使用的詞彙。

靈魂手杖

路燈又被打破了啊？
有個喝醉酒的傢伙幹的啦。
※摔
ステーン
誰啊？喝完飲料，空罐子亂丟！
好不容易才開花的梅枝，
是誰把它折斷的!?
從圖書館借來的書，重要的頁面居然被撕掉了……
居然有人做這麼過分的事。

心與大腦窺探器Q&A

Q 以下哪句成語不可填入「心」字？①●念一轉 ②半●半疑 ③一●不亂

A ②。答案是「半信半疑」，形容一個人不清楚某件事是真是假的狀態。各位不妨查一下「心念一轉」與「一心不亂」的意思。

※揮～

心與大腦窺探器Q&A

Q 有人說「人類大腦其實只用了百分之十」，這是真的嗎？

A 假的。大腦的運作區分成不同區域，所以看見的只是目前正在運用的部位。不過，若以一天為單位，整個大腦都發揮了作用。

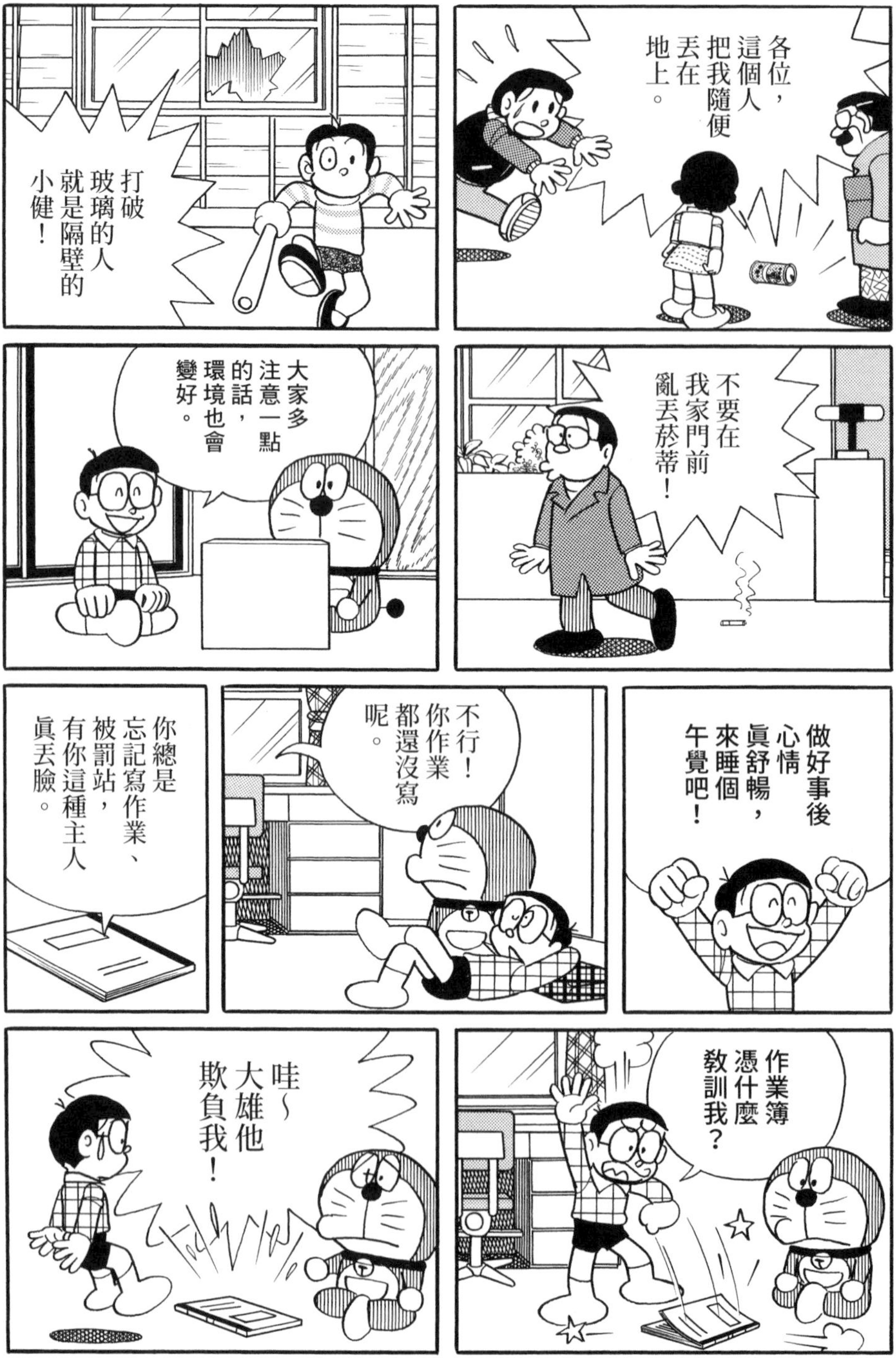
各位，這個人把我隨便丟在地上。
打破玻璃的人就是隔壁的小健！
不要在我家門前亂丟菸蒂！
大家多注意一點的話，環境也會變好。
做好事後心情真舒暢，來睡個午覺吧！
不行！你作業都還沒寫呢。
你總是忘記寫作業、被罰站，有你這種主人真丟臉。
作業簿憑什麼教訓我？
哇～大雄他欺負我！

心與大腦窺探器Q&A

Q 就像人有「慣用手」，人也有「慣用腦」，分成右腦派和左腦派。這是真的嗎？

A 假的。人的腦分成位於右側的「右腦」，與位於左側的「左腦」。目前已證實人類幾乎以相同比例使用左右腦。

※咻～
ブー
我再也不要吸這麼骯髒的垃圾了!!
還是快恢復原狀吧！
那只能把手杖的開關關掉才行！
手杖……糟了，我放到哪裡去了？
沒有它就無法恢復原狀了啦!!
對了！
剛剛被胖虎追的時候，掉在空地那邊……
咦？
我的腳動不了？
好不容易有了靈魂，
哪能讓你恢復原狀！
鞋子居然反抗我？
無論如何我還是得去空地才行。

心與大腦窺探器Q&A

Q 男性與女性的大腦構造幾乎相同，這是真的嗎？

啊…喂！
你要去哪裡啊？
※啪颯
我找到了。
カチ
※喀嚓
雖然恢復原狀了……
但總覺得坐在它上面有點對不起它。
如果大家都能像爸爸那樣更愛惜物品，也算是件好事。

A 真的。無論男女，大腦構造都很類似。不過實驗證實，男女大腦內部交換資訊的方法略有差異。

第1章　心是什麼？

一起思考什麼是心

心究竟是什麼？

哆啦A夢與大雄使用祕密道具窺探別人的「心」。

各位也有心，你知道心是什麼嗎？

心是我們人類的情感、意向、知識、理性等精神活動的「源頭」，有時亦指精神活動本身。我相信各位的內心也經常感受到「開心」、「悲傷」、「喜歡」、「討厭」等各種情緒，以及表達「該走這裡」、「該這麼做」等意向。

如果沒有心，我們將會如何？我們可能無法感受到快樂或開心，也可能無法產生任何情緒，失去活力、無法吃飯、無法走路，做不出過去習以為常的行為。心對人類來說，是不可或缺的重要寶物。

▲各位不妨想像一下，如果沒有心，你會有什麼改變？

心在哪裡？

各位知道我們的心在哪裡嗎？

我們用頭腦思考事情，所以心應該是在頭腦裡吧？可是，每當我們想起自己喜歡的人，或是感到驚恐害怕時，我們的心臟就會撲通撲通的一直跳，因此心應該是在胸口吧？另外一方面，每當我們緊張或憂慮，有時會出現肚

▲許多專家都在研究，人類的心究竟在哪裡？

子痛、胃痛等症狀，所以認為心與肚子息息相關好像也很合理。

從各種研究結果可以得知，心的動向與大腦關係緊密。不過，若感覺心在我們的身體裡，這個答案也是對的。正因為有身體，我們才有腦，內心才會產生波動。由此可知，心靈與身體密切不可分割。

心與腦之間的關係將在第二章詳細解說。

了解與想像自己和別人的心是很重要的

如果可以輕鬆解讀對方的心，我們就不用花心思猜想，但如此一來，也會遇到尷尬的狀況。因為我們再也無法說謊或隱瞞，加上對方完全理解我們的所有想法，以後可能就不需要對話了。我相信各位一定有不想讓別人知道的祕密和想法，因此目前沒有任何道具可以直接揭露別人的內心，對大家來說應該都是一件好事。

雖然我們沒辦法解讀或窺視別人的心，但可以想像其他人的內心狀態。

你的父母和老師一定常常叮囑，「做事要顧慮別人的想法」。若想了解別人的心情與內心狀態，了解自己的心是最重要的事情。你有時會不會也這麼想「如果有人這麼對我，我會很高興，我想別人應該也會很高興吧？」隨時隨地思考自己現在的心情，有助於了解別人的心靈。第三章將會詳細說明了解自己內心的方法。

知識小專欄

「眼睛」也有心？

各位是否聽過只要看一個人的「眼睛」，就知道他有沒有說謊？大家也常說「眼睛是內心的鏡子」、「會說話的眼睛」。當一個人說謊，會不敢直視對方的眼睛、拚命眨眼，或是避開對方的視線。此外，有時我們也會看到某人臉上明明掛著笑容，眼睛卻沒有笑意，這就是「假笑」。由此可見，眼睛真的能透露出一個人內心的真實狀態。

另一方面，眼睛裡的「黑色瞳孔」也能反映內心狀況。某項研究顯示，當人們看到自己喜歡的東西，或專心做自己喜歡的事情，瞳孔就會放大。所以說話時看著對方的眼睛，多少能看出對方的「心」。

「心」具有各種意義

你知道幾個與「心」有關的詞彙？

各位知道幾個與「心」有關的慣用語呢？洗心革面、關心、銘記在心、心胸寬大……與「心」有關的慣用語真的很多。這些詞彙有助於找到與第二十頁思考的問題「心是什麼？」的答案。

以「用心」這兩個字為例，我們常常說「用心製作的料理」、「用心唱歌」。此處的「心」，指的是「對對方的愛、感謝與體貼之情」，用心讓對方感到「愉悅」。

此外，心也有「毫無偽裝和修飾的真實心意」的意思，例如「打從心底感謝」、「違心之論（違背真實心意的話語）」、「讀心」等。至於「用心」的另一種用法，當我們說「無心的道歉」，也帶有「沒有真心」的弦外之音。

還有另一種特別的用法，那就是日本人玩「猜謎遊戲」時的固定台詞。各位看日本的綜藝節目時，是否曾看過以下對話：

「以A為題，以B為解，同心為何？」

「兩邊的同心是△△。」

這裡「心」的用法指的是「意義」、「理由」、「根據」等。

※日文裡儲蓄的讀音和剪刀剪東西時的擬聲詞相同。

族繁不及備載「心」的各種意義

除此之外，「心」還代表了各種不同的意義。

●**「洗心革面」**

有的人做了壞事之後會說：「我決定洗心革面，從此做好事。」有的學生蹺課後反省：「我從明天開始洗心革面，要好好用功。」此處的「心」指的是「個人具備的特質、想法和行為」。

●**「心理準備」「下定決心」**

這兩句指的是對於即將發生以及應該做的事情「有所覺悟」，例如「對於即將舉辦的發表會做好心理準備」，「下定決心」亦是同樣的意思。

「下定決心」也有「覺悟」、「表現幹勁」之意。

●**「心胸寬大」「心胸狹窄」**

這裡的心指的是「接受別人的錯誤或與自己不同想法的從容和肚量」。我們會用「心胸寬大」形容不計較，氣量大的人，用「心胸狹窄」形容愛計較，氣量小的人。

●**「銘記在心」「刻骨銘心」**

這裡的心帶有「記憶」的意思。比起「這個經驗令我記憶深刻」的說法，「銘記在心」、「刻骨銘心」更能傳達出真摯的情感。

●**「繪心獨具」「觸動詩心」**

「繪心獨具」指的是「具有繪畫才華或鑑賞繪畫的能力」；「觸動詩心」則是「體會詩具有的況味與美好」。心也可用來形容「理解事物美好與趣味等各種滋味的能力」。

●**「關心」**

與「留心」一樣，關心代表「注意」的意思。「打動人心的服務」也是同樣的用法。

●**「醉心」**

此處的心指的是「關心」和「興趣」。各位在用功唸書的時候，一定也曾有過被電視節目或是電玩遊戲吸引，結果忘了正事的經驗吧？

各位不妨翻閱字典，查一查「心」代表的各種不同的意義吧！

▲上課時不聽課，卻「醉心」於窗外風景的模樣。

了解心靈研究的歷史

心究竟在哪裡　學界仍眾說紛紜

自古就有許多人持續研究心位於人體的哪個部位，例如西元前一七〇〇年，古埃及學者認為心位於人體的心臟和子宮等部位。古埃及哲學家亞里斯多德也主張心在心臟部位。

早在西元前三五〇〇年起，人類就一直在研究大腦。直到西元前五到四世紀，古埃及醫師希波克拉底在書中主張大腦是精神活動的場域，人類才開始認為心與大腦息息相關。之後到了西元前三八七年，古希臘哲學家柏拉圖亦主張大腦是精神作用之源。

一場爆炸意外揭開了與心有關的部位

發生在一八四八年的一場意外，讓人類發現大腦的

心與腦研究的歷史年表

●西元前三五〇〇年左右

人類開始進行腦部研究。考古學家從古埃及時代的莎草紙（以植物製成，外形近似現在的紙張），發現了腦部研究的相關紀錄，因此一般認為人類是從這個時期開始研究腦部。

●西元前四五〇年左右

古希臘人認為腦部是人類的感覺中樞。

●西元前四到三世紀

古希臘解剖學家希羅菲盧斯主張人類腦部有四個「腦室」，心位於第四個腦室。

●一五四三年

歐洲解剖學家維薩留斯醫師出版解剖學書籍，首次收錄手繪的大腦畫作。

●十九世紀初期

人類發現腦部的神經細胞（神經元）。

●一八六一年

法國外科醫生布若卡發現大腦前額葉有運動性語言

特定部位與心息息相關。這一年在美國擔任鐵路建築技術員的費尼斯・蓋吉，工作時遭遇爆炸事故。一根長約一公尺的鐵棍從他的左臉頰插入，貫穿頭部。蓋吉原本是一名工作認真、深受信賴的主管，但在經歷這場意外之後，他的個性變得暴躁易怒、十分衝動，無法控制自己的情緒。

後來專家研究了蓋吉的頭蓋骨，發現他大腦前額葉的部分因爆炸意外受傷。這項研究讓人類證實了大腦前額葉會影響一個人的人格與個性。

後來，到了醫療技術更加進步的二十世紀初期，醫學界創立了腦外科，專門負責執行大腦手術。直至今日，大腦的相關研究仍然在持續的進行當中。

▲因為大腦受傷，蓋吉的個性像是完全變了一個人似的。

區（主司說話的功能）。

● **一八七四年**
德國神經學家韋尼克發現顳葉有感覺性語言區（主司理解語言的功能）。

● **一九〇〇年左右**
佛洛伊德的精神分析越來越普及。

● **一九五三年**
某位患者因嚴重癲癇發作，接受大腦手術治療，術後發現患者失去記憶，醫學界從此案例中證實「海馬迴」與記憶息息相關。後來相關研究持續進行，人們更加了解海馬迴與記憶之間的關係。

● **一九七〇年代～**
隨著MRI（核磁共振）與PET（正子斷層掃描）等腦內攝影技術日新月異，人類可以進一步研究大腦運作機制。

● **一九九六年**
發現鏡像神經元。

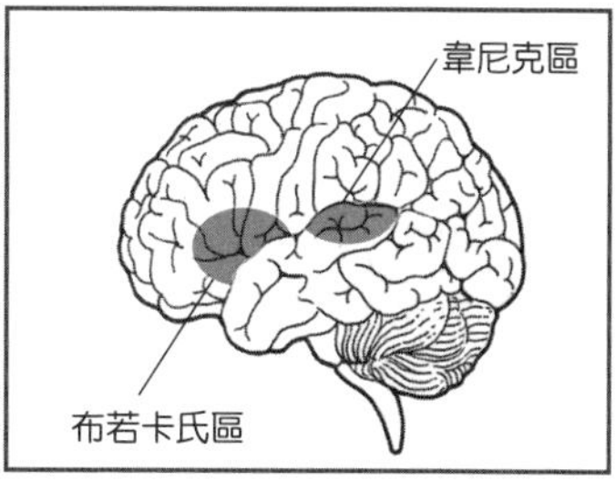

▲這兩個部位都是以發現者的名字命名。

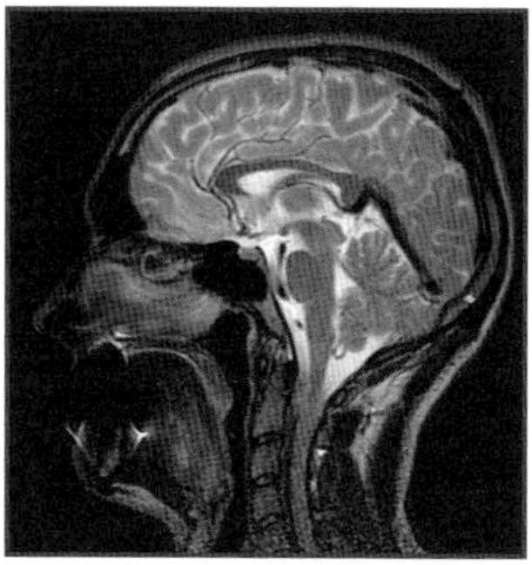

影像來源／Mikael Voss via Wikimedia Commons

貫徹到底口香糖

我等你很久囉！繼續來玩象棋吧。
待會再玩！
我烤了蛋糕喔！待會泡茶一起吃。
我已經下定決心了！放學回家後要唸三個小時的書。其他事等我唸完書再說。

充滿堅定意志的眼神
緊閉的雙唇
抬頭挺胸
充滿自信的步伐
又來啦？
對啊……
大約半年一次，他都會突然下定決心要好好唸書……
這次不知道能不能維持一個星期呢？
看樣子大概頂多兩、三天吧？
我們來幫他祈禱，看這次能不能多延長一天好了。
這次我絕對要貫徹到底!!
我在心底發過誓了。
這次我絕對要貫徹到底!!
我就快升上國中了。
這個時候，如果再不為將來好好打算，
以後就會永遠跟不上別人的步伐了。

心與大腦窺探器Q&A

Q 腦部有多重？①約零點五公斤 ②約一點五公斤 ③約十點五公斤

A ②約一點五公斤。成人的腦部約一點五公斤重，大概是體重的百分之二到二點五，實際重量因人而異。

開始！
呃……………
好難喔。
我絕不能因為這種小事而氣餒。
唯有突破難關，才能迎接光明大道。
集中精神，努力思考。
鼾……
笨蛋笨蛋笨蛋！
這麼散漫怎麼行啊!?
不知道他有沒有認真唸書？
咦？你要去哪？
喂？靜香。我有作業的問題怎麼想都解不開。
我現在就過去，要教我喔。

心與大腦窺探器Q&A

Q 腦部的主要熱量來源是？①醣類 ②蛋白質 ③脂質

A ①醣類。腦部的主要營養來源是葡萄糖（glucose）。

Q 腦部消耗的熱量約占人體必需熱量的百分之幾？①5% ②10% ③20%

「貫徹到底口香糖」。
SHYARA GUM
只要嚼這個口香糖，就會變得很有衝勁喔。
無論你下定決心做什麼事，它都可以賦予你貫徹到底的力量。
如果真的能這樣就好了……
我要在……
五分鐘內到靜香家。
等她教完我不會的功課之後，在二十分鐘內立刻趕回家繼續唸書。
要好好加油喔。
要貫徹到底。
不管出現什麼誘惑，我都要視而不見，拿出幹勁努力向前衝！
大雄你要看漫畫嗎？
我要看～
緊急剎車～
轉身

想害別人掉進陷阱裡的人，
一定是惡魔的手下！
？
終於平安到達了。
我在趕時間。
客套話就不必了，直接進入正題吧。
只要像這樣，稍微改變一下方法，就可以解開了。
什麼嘛!?原來這麼簡單啊。
對了！最近有推出一種很好玩的遊戲喔。
你買了啊？
那就來玩吧。
轉身
還是下次吧。
真的非常好玩呢。
ピタ
※停住
呃呃……跟自己的意志對決實在好難受啊。
クルッ
クルッ
你在幹嘛呀？
※轉圈圈

A ③20%。雖然腦部重量約占體重的2%，但所需熱量約占整體的20%。腦部體積不大，卻是名符其實的「大胃王」。

我決定還是堅守自己的決心!!
貫徹到底！
時間耽誤了。
非得在六分鐘內趕回家裡不可。
我勸你最好不要往那邊走喔。
剛剛胖虎說要揍你一頓，正在那邊埋伏呢。
我覺得你還是繞路比較好。
就這麼辦吧。
可是繞遠路回家得花十分鐘耶。
貫徹到底！
終於等到你了。
你還真有膽量。
我絕不能在這裡停留！

心與大腦窺探器Q&A

Q 神經細胞的壽命有多長？①約一年 ②約十年 ③約一百年

A ③約一百年。根據專家表示，其他細胞的壽命不超過十年，唯有神經細胞的壽命能超過一百年。

※拳打腳踢

你一直動來動去，還真難揍耶。
你成功了。
你可以對自己有信心了。
其實我剛剛拿給你的只不過是普通口香糖罷了。
咦？這麼說……
你是憑著自己的意志力，
貫徹決心到底的！
原來如此，
只要我想做，沒有什麼事是我做不到的嘛。
那我就放心了，待會再唸書吧！
又令人開始不安了。

模擬機器人

跪下
像這樣，手放在地上……
我知道錯了，只要能讓你消氣，隨便你怎麼處置都行。
要像這個樣子，
裝得很可憐的告訴他，還是……

啊～抱歉！
誰都會有犯錯的時候啊！原諒我嘛，哈哈哈。
還是這樣嬉皮笑臉輕輕帶過呢……
你一個人在碎碎唸什麼？
胖虎把這本書借給了我。
很難得吧！
けんか読本
可是我不小心弄髒了。
什麼？
你、你、你以為他會輕易放過你嗎？
所以我才很傷腦筋嘛。
我在研究到底要怎麼跟胖虎說，
他會不會使用暴力啊？
用這個試試看吧！
「模擬機器人」。

Q 神經傳導物質超過一百種，這是真的嗎？

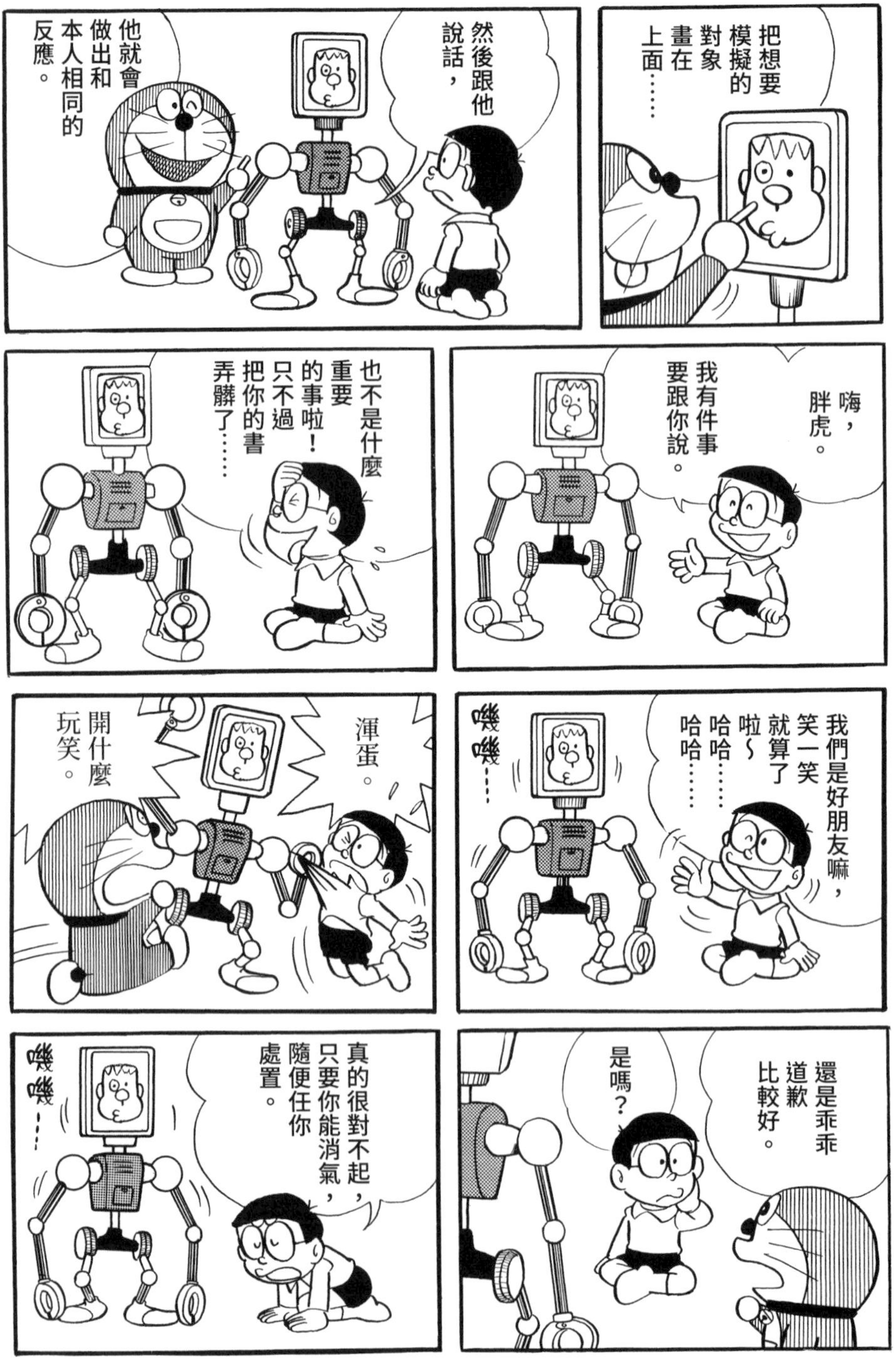
把想要模擬的對象畫在上面……
然後跟他說話，
他就會做出和本人相同的反應。
嗨，胖虎。
我有件事要跟你說。
也不是什麼重要的事啦！只不過把你的書弄髒了……
我們是好朋友嘛，笑一笑就算了啦～哈哈……哈哈……
嘰嘰……
渾蛋。
開什麼玩笑。
還是乖乖道歉比較好。
是嗎？
真的很對不起，只要你能消氣，隨便任你處置。
嘰嘰……

A 真的。包括正腎上腺素與多巴胺在內，神經傳導物質超過一百種，各有不同特性。

我只是想開個玩笑嚇嚇你罷了。
我們都是好朋友嘛。笑一笑就算了。
啊哈哈哈
只要你覺得沒關係就好。
這是我的書？

第2章 心與腦的關係

腦、心與身體是什麼樣的關係？

心的運作就是腦部作用的結果 不過，沒有身體，腦部也動不了

誠如第一章介紹過的，心的運作與腦部相關。我們思考事物、有所感受或記住任何事情，都是腦部作用的結果。具體來說，腦部的「大腦」部分是產生心靈動向的起源（詳情請參閱第四十三頁）。

話說回來，「心」是否只與腦部有關？似乎並非如此。原因在於腦部如果沒有和身體相連就沒辦法發揮作用。有了身體，腦部才能運作。重點不是哪個重要，而是兩者缺一不可，都很需要。正確來說，我們的心必須是在腦和身體平衡運作的狀態下，才能正常發揮。

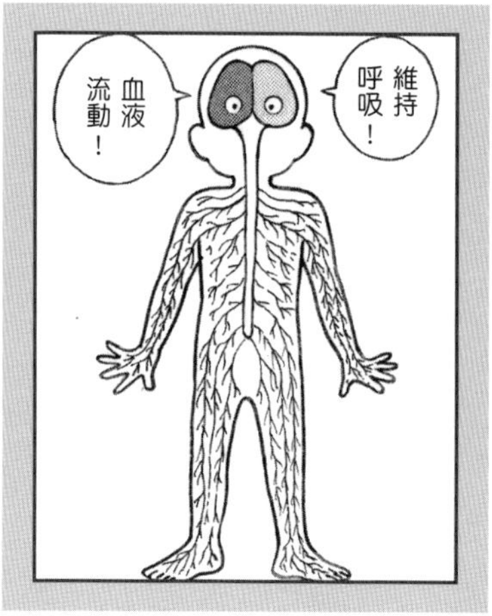

腦部也負責掌控生命活動

腦部與我們的心密切相關，對於維持身體機能也做出重大貢獻。各位知道我們的身體遍布許多神經嗎？腦部與身體由神經串聯，大腦下達指令，控制身體運作。

根據作用不同，遍布全身的神經分成兩大類。一類是「中樞神經系統」，指的是腦部與脊髓。另一類是「末梢神經系統」，這是連接全身各個器官的神經。

末梢神經系統負責運動和活動身體等方面的運作，以及調整無意識之下進行的生命活動，包括呼吸、消化和血液流動。

人類在無意識之下進行的呼吸、消化、調節體溫、血液循環等維持生命的必要活動，也都是由腦部控制。

有鑑於此，如果腦部受損，即使身體功能健全，有時也會導致心跳與呼吸等生命活動停止，失去寶貴性命的悲劇。無論對心靈或身體，腦部都是非常重要的一個器官。

腦部是由什麼組成的？

各位可能已經知道我們人類的身體是由大約六十兆個「細胞」組成。腦部也和全身的其他器官一樣，由細胞組成。腦部細胞大致分成「神經細胞（神經元）」、「神經膠質細胞」兩種。

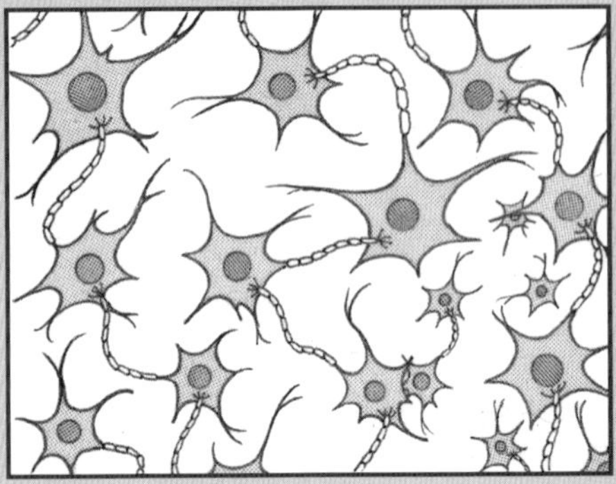

▲神經細胞之間透過突觸，傳達電子訊號。

傳達至腦部的訊息主要由神經細胞（神經元）執行。腦部有超過一千億個神經細胞，各自獨立存在。神經細胞與神經細胞之間連結的接觸點稱為「突觸」，進入腦部的訊息轉換成電子訊號，再經由神經細胞↓突觸↓神經細胞的路徑傳遞。

另一方面，神經膠質細胞的職責是協助神經細胞確實運作。神經膠質細胞能夠保護神經細胞，具有檢查與修復突觸的功能，角色很吃重。如今專家正在研究，想了解其詳細的作用。

「神經傳導物質」在神經細胞的縫隙中傳遞資訊

剛剛介紹過，傳達至腦部的資訊會以電子訊號的形式在神經細胞與突觸之間流動。事實上，神經細胞與突觸之間有極細微的縫隙，大小只有數萬分之一毫米，電子訊號就是在這個縫隙中流動。

傳遞資訊的神經細胞先將電子訊號暫時轉換成「神經傳導物質」，這是一種化學物質，在縫隙間流動。通過縫隙的神經傳導物質，被神經細胞接收後再次轉換成電子訊號，傳遞訊息。

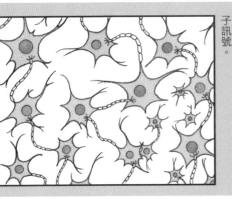

與心有關的大腦機制

人性是由「大腦」掌控的

大腦是與我們的「心」最相關的部位。事實上，整個腦部有八成都是大腦，由此命名。

各位可能看過如左圖那樣布滿皺褶的大腦模樣。大腦表面覆蓋著滿滿的「大腦皮質」皺褶，皺褶的凹陷處稱為「腦溝」。其中最大最深的三條溝分別被稱為「外側溝」、「中央溝」與「頂枕溝」。細微「腦溝」的遍布形態每個人多少會有些不同，但外側溝、中央溝與頂枕溝的位置，大家幾乎都相同。

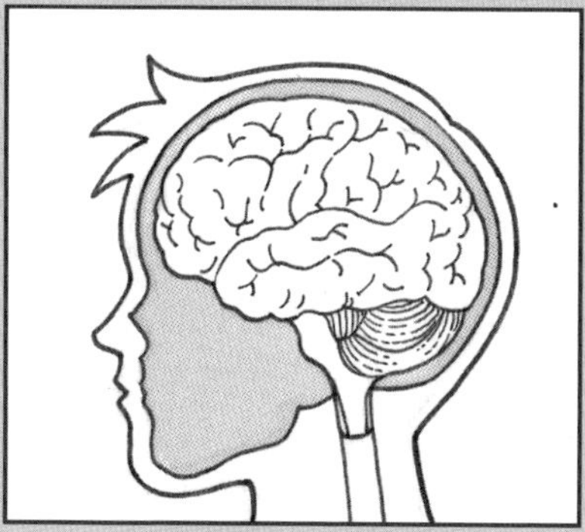

▲若將大腦皮質的皺褶全部攤平，大約是一張報紙的大小。

由這三處深溝將腦葉分隔出四個區域，各區的名稱分別是「額葉」、「顳葉」、「頂葉」與「枕葉」。其中，與心息息相關的區域是「額葉」。

額葉、顳葉、頂葉與枕葉各自的作用

接著一起來了解「額葉」、「顳葉」、「頂葉」與「枕葉」位於大腦的哪個部位，以及各自有什麼作用吧！

●額葉

額葉約占大腦整體的三成，是最大的區。有主司說話與書寫機能的「布若卡氏區」，還有主司身體活動的「初級運動皮層」、「前運動區」等。多虧額葉的作用，我們說話寫字時才能遣詞用字、做各種運動。

此外，負責統整顳葉、頂葉與枕葉接收的資訊，做出行動與判斷的「前額葉皮質」也在此區。專家認為前額葉皮質是腦部最重要的區域，當我們在思考與創造的時候，這個部分就會作用。不僅如此，額葉也是掌控「人性」的部位，負責做出社會性的行為或邏輯判斷。

第二十五頁介紹的費尼斯・蓋吉，頭部被鐵棍貫穿，額葉的大多數區域受損，使他無法控制自己的心。他的案例讓人們注意到額葉的作用。

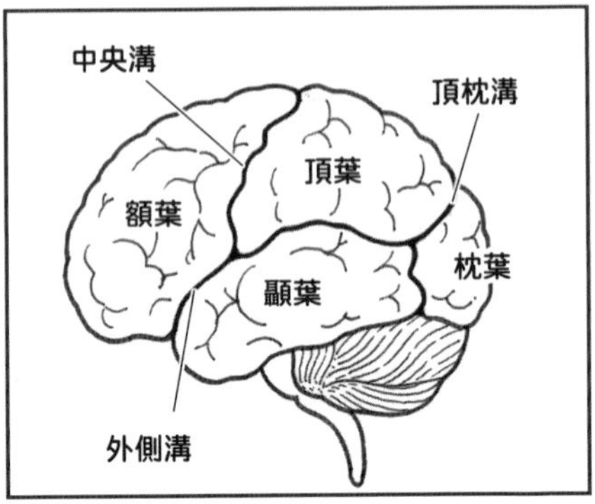

●顳葉

負責處理耳朵聽到的話語和聲音的「聽覺皮層」、理解聽到的語言與閱讀的文字的「韋尼克區」都在此處。此外，顳葉也跟記憶、辨別味道的「嗅覺」、品嘗滋味的「味覺」有關。

●頂葉

此處有「初級體感皮層」，負責處理從身體各處，包括皮膚、關節和骨骼肌等接收的感覺資訊；以及「體感聯合皮層」，負責整理與分析感覺資訊中最複雜的訊息。

此外，掌握空間中相關位置的「頂葉聯合皮層」也在此區。

●枕葉

這是四個腦葉中最小的一區。這裡有「初級視覺皮層」、「視覺聯合皮層」，負責處理眼睛看到的資訊（視覺）與辨別顏色。

「小腦」的作用是協助運動和運用身體的學習行為

「小腦」位於大腦後方下面，重量約為大腦的百分之十，尺寸也很小。小腦的皺褶比大腦綿密，約有八百億個神經細胞。由於大腦的神經細胞有一百數十億個，因此小腦的神經細胞數量遠比大腦多。

小腦主要有兩個重要功能。其一是調節全身肌力的運用比例，保持身體平衡與維持良好姿勢。其二是確認身體是否按照大腦指示活動。

此外，當我們需要記住身體動作時，小腦也發揮很大

的作用。各位踢足球時是否練習過挑球？或是打籃球時練習過投籃？為了熟練各種體育項目的重要動作，各位一定練習過無數次。只要勤於練習，身體自然就會記住各種動作。我們可以透過學習記住身體動作，都是拜小腦所賜。

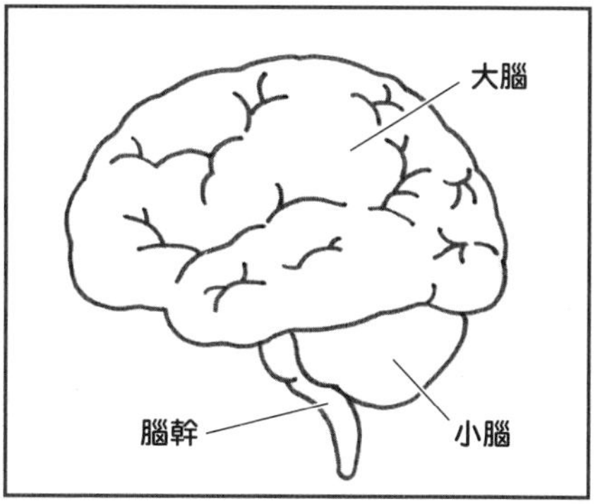

「腦幹」負責協助維持無意識的生命活動

「腦幹」位於大腦下方，是與脊髓相連的粗柱狀組織。包含間腦、中腦、腦橋與延髓。

腦幹的作用是維持呼吸、代謝、調節體溫、睡眠等生命活動。我們無須特意去想「呼氣、吸氣」，身體就會自動呼吸，這就是無意識的生命活動。大腦負責執行有意識的活動，腦幹就負責維持我們在無意識之間做的行為。由於腦幹是維持生命活動不可或缺的組織，因此又稱為「生命中樞」。

另一方面，腦幹也是腦部與全身相連的部位，發揮神經通道的作用。

知識小專欄

可以治療心病的腦白質切除術究竟是什麼？

人類研究腦部已有悠久的歷史，讓我們能逐漸了解腦與心的關係。在過去那個研究尚未興盛的年代，人類也曾使用過錯誤的治療方法。最具代表性的錯誤治療法，是1936年開始採用的外科手術「腦白質切除術」。

腦白質切除術是切斷大腦神經迴路的外科手術，當時沒有任何有效的方法可以治療心病，因此受到醫界採用。有些接受腦白質切除術的患者確實改善了部分症狀，但大多數患者出現嚴重副作用，包括失去情感、慾望與企圖，以及無法專注等。有些人在手術後性情大變，像是變了一個人似的，還有人變成植物人，後果十分恐怖。

如今醫界已經找到有效治療心病的藥物，也確立有效的治療方法，再也不需要執行腦白質切除術。

研究腦部有助於釐清心靈的觸動機制

誠如前方介紹的內容，研究腦內結構、了解腦部如何運作的學問稱為「腦科學」。研究腦部不只能釐清其運作機制，也有助於了解我們的內心動向與腦部之間的關係。當然，腦科學對於理解心理失調或生病的原因、預防和治療，都有極大的貢獻。接下來要為各位介紹透過腦研究揭開的心理機制。

我們如何判斷自己的好惡？

喜歡、討厭、害怕、開心、憎恨、憤怒等各種「情緒」，是最具代表性的心理作用。這類情緒也是由腦部產生的。

位於腦部表面的大腦皮質內有一個區域稱為「邊緣系統」。其中有一個稱為「杏仁核」的部位，負責收集來自腦部各處的過去記憶、視覺、聽覺以及嗅覺等資訊，做出第一時間觸動心靈的情緒判斷，例如「開心」與「不開心」、「害怕」與「不害怕」等。有時候我們根本不知道為什麼，卻直覺的對某個事物產生喜歡、討厭、害怕等情緒反應。杏仁核就是產生這類本能反應的部位。

▲「怕黑」這類本能的情緒反應是由杏仁核主導的。

為什麼我們看到別人悲傷，自己也會感到悲傷？

各位是否曾經因為看到朋友哭泣，自己也忍不住跟著哭？當我們看到朋友笑得很開心，也會跟著朋友開懷大笑。明明我們不覺得悲傷或高興，卻被別人的情緒牽著走，這是為什麼呢？

經證實，腦部的「鏡像神經元」是造成這個現象的原因。鏡像神經元是一種神經細胞，當我們看到別人的舉止反應，就會產生相同的反應。

舉例來說，當我們看到別人悲傷的模樣，鏡像神經元會在腦內發出相同訊號，讓自己顯露出悲傷的表情。這個做法能讓我們體會與對方一樣的感受，設身處地為對方著想。

▲鏡像神經元讓我們看到別人哭的時候，也會跟著想哭。

因為開心才笑？因為擺出笑容才開心？

當各位產生喜悅、悲傷、開心、痛苦等情緒時，你會如何表現出來？大多數人都是在無意識之下，展現笑臉、哭臉、苦瓜臉等「表情」。話說回來，情緒與表情又有什麼樣的關係呢？一般來說，我們因為感到開心而笑，因為感到痛苦而擺出苦瓜臉。所以一般都認為是「情緒創造表情」。然而，腦研究的結果卻跟大家想的不一樣，專家證實有時候「表情反而會創造情緒」。

容我介紹某個實驗內容。這是德國的蒙特博士做的實驗，他讓實驗對象橫向與直向咬著筷子，並且觀察在這兩種咬法下，腦部的活動狀況。各位不妨想像一下自己橫咬著筷子的模樣，看起來是不是很接近笑臉？在實驗中，做出類似笑臉表情的人，腦部的神經傳導物質以多巴胺較活躍，顯示實驗對象的精神活動旺盛，感覺愉快。簡單來說，即使是強迫自己笑，也會讓人感到愉快。

各位不妨試著擺出笑容，說不定你也會覺得很愉快喔！

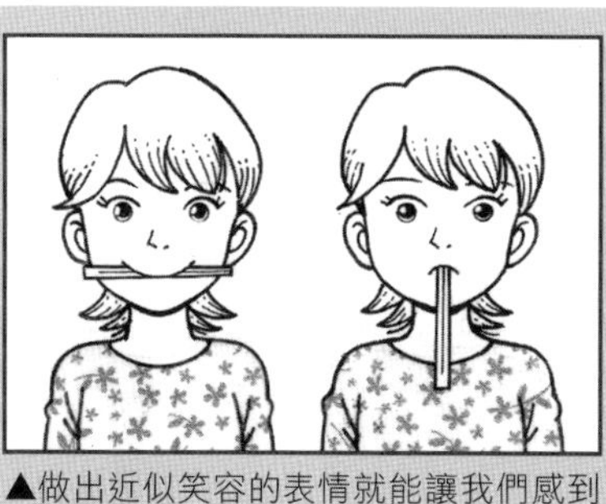
▲做出近似笑容的表情就能讓我們感到開心。

助興樂團登場

蛋糕做好了。
好吃得會讓你嚇一跳喔。
我用了很多奶油跟雞蛋喔。
喔。
好吃？還是不好吃？
嗯。
到底怎樣嘛？
嗯、嗯。
這孩子真掃興！
？

Q ●怒哀樂、●色滿面、一●一憂、悲●交加，●可填入哪個文字？①笑 ②泣 ③喜

A ③喜。以上範例都是與情感有關的成語，各位不妨查詢每個成語的意思吧！

他們會跟著你，配合各種場景演奏不同音樂。
然後呢？
音樂的力量很厲害喔。看電視就知道，
浪漫的場景要搭配甜蜜的音樂。
恐怖的場景要搭配詭異的音樂。
演到故事高潮時就放振奮人心的音樂。
音樂可以製造氣氛。
試驗一次看看吧，
你回想一下剛才蛋糕的味道。
真麻煩。
我想想……
好像比以前的好吃一點。
你看，馬上配合你的心情演奏快樂的音樂。
我覺得好像變得很好吃耶。

※鏘鏘鏘、噠噠

※鏘鏘鏘、噠啦噠啦
嗯，的確很好吃！
回想起來就覺得很興奮。
我真是幸福，能吃到那麼好吃的蛋糕。
興致高昂了。
高興到不得了，
我實在忍不住了。
不行！我實在忍不住一定要跟你說！
現在才來說這些。
※鏘鏘鏘、噠啦噠啦
チャカ
チャン
下次我做更好吃的給你吃。
太好了！太令人感動了！
音樂的力量真驚人。
※鏘鏘鏘、噠啦噠啦

心與大腦窺探器Q&A

Q 當一個人感到幸福時，可以做出正確判斷。這是真的嗎？

A 假的。實驗結果顯示，當一個人感到幸福，越容易輕信表面印象，難以做出審慎的判斷。

該笑的時候笑、該哭的時候哭，這才是人的生活方式。
好！人生要活得精采。
喔！雄壯威武的音樂！
手腳自己擺動起來。
大雄神氣的走過來了。
你們好!!
喔，你好。
那個笨蛋腦筋秀逗啦。
タラ ラッタ
ラッタ ラー

※乒啦、乒噠

ラッタ ラッタ
※乒啦、乒噠
大雄！我今天釣到很多魚喔。
怎樣！很大隻吧？
ピチピチ
※啪嗒、啪嗒
你要怎麼處理？
看是要用烤的還是用煎的？
※嗚嗚嗚～
這首悲傷的音樂是怎麼回事……
要不是被爸爸釣到，牠們本來在水裡很自由的……
如今卻要被殺、被叉……被火烤……
好可憐喔！
我放回河裡。
ハッ
ピタ
會不會太誇張了？
悲傷的音樂真討厭。
※啪、跪地

心與大腦窺探器Q&A

Q 眼淚成分中，比例最多的是什麼？①水分 ②鈉 ③蛋白質

A ①水分。眼淚有百分之九十八是由水分組成，剩下的百分之二是鈉與蛋白質。

※鏘鏘鏘、噹噹噹
節奏又變了。
這種時候不用製造緊張氣氛啦！
ジャンジャン♪
ジャカジャカ
看你能躲到哪裡去！
呼……真恐怖。
※登愣、登愣
デロデロ
デロデロ
住手！
不要演奏恐怖音樂。
デロデロ
※驚
ドキッ
哇～～
原來是靜香啊……
嚇我一大跳。
我才被你嚇一跳呢。
胖虎在找你？
好恐怖！我簡直快嚇死了。

心與大腦窺探器Q&A

Q 流淚時隨著淚水流出的賀爾蒙是哪個？①雌激素 ②皮質醇 ③睪酮

※蹦蹦蹦、蹦蹦蹦

A ②皮質醇。皮質醇是因壓力而分泌的賀爾蒙。由於哭泣可以排出皮質醇，因此我們哭完的時候經常會感到身心舒暢。

你真沒用。
老是被欺負，你不會不甘心嗎？
當然會啊……
ズンズン
嗯～我越來越生氣了！
沒錯！應該要生氣啊！
我饒不了你！
喔，你敢？
好驚人的魄力！
好痛啊！啊！救命～
真是極端啊。

令人感動的話

考零分是該難過沒錯，不過一直耿耿於懷也無濟於事。
你知道眼睛為什麼要長在前面嗎？
就是為了讓人往前進啊！
不要回頭看。
朝著明天勇敢邁進。
是！我知道了。
感動
眼睛為什麼要長在前面……
真是名言啊！好感動喔。
我要去分享我的感動。
趁我還記得時。
有感動的事喔！
靜香。
我講一句令人感動的名言給你聽。
咦？是什麼？
眼睛為什麼要長在前面？
這是當然的，後面都是頭髮哪看得到啊！
大雄真傻。

Q 腦部的哪個部位可以讓人充滿「幹勁」？①海馬迴 ②杏仁核 ③依核

A ③依核。依核負責掌握身體活動與情緒波動，讓人產生幹勁。當人安靜休息時，依核不會發揮作用。

你在生什麼氣啊？
都沒有人肯認真聽。
大家都當我是傻瓜。
嗯……難得聽到一句好話？
卻沒人肯聽。
你發脾氣是對的。
把那句感動的話說給我聽聽吧。
咦……你願意聽!?
眼睛長在前面，就是為了讓人不斷前進……
怎樣？覺得感動嗎？
?
?
?
好像沒反應。
反正我說出來的話像空氣一樣嘛……
不要自暴自棄嘛～

心與大腦窺探器Q&A

Q 臉部肌肉中，哪個部位很難刻意活動？①眼睛四周 ②嘴巴四周 ③臉頰四周

大雄說得實在太好了。
讓大家都感動吧！
我要去玩囉！
咦!?
※驚～
じ〜ん
你這個孩子……
痛哭流涕
怎麼說出這麼偉大的話啊。
緊抱
誇張到有點恐怖。
沒半個人影。

A

①眼睛四周。眼周肌肉很難刻意活動，大家常說「眼睛沒有笑意」是假笑，就是這個原因。

※超感動
隨便說句話就感動，這樣反而麻煩。
先收進口袋裡。
有了！
什麼!?你要跟我說……
感動的話？
騙你的話頭給你！
好極了。
來啊！
讓我感動啊～
再多找一些人一起講。
什麼事？
快點說啊！
好吧。

心與大腦窺探器Q&A

Q 控制「怒氣」的技巧稱為什麼？

①情緒管理 ②微笑法 ③焦慮不安

A
①情緒管理。即使是成年人也很難控制「怒氣」，目前有許多針對成年人開設的情緒管理講座。

※噠噠噠

ドドドドド
發生什麼事了？
你們不想感動嗎？
公園有藝人出外景。
西條廣美來了。
咦？那個人氣歌手嗎？
哇！廣美看這邊。
幫我簽名。

心與大腦窺探器Q&A

Q 想要穩定情緒時，以下哪種呼吸法最有效？①胸式呼吸 ②腹式呼吸 ③鼻子呼吸

A

②腹式呼吸。腹式呼吸是一種讓腹部膨脹，使橫膈膜上下移動的呼吸法。放鬆效果比胸式呼吸好。

※注視
じいいいん
喔喔——此屁只有天上有啊！太令人感動了。
別鬧了！丟臉死了。
感動
感動

心是有形狀（情感）的

思考自己內心的形狀

雖然有點突然，但我想問各位，你現在心情如何？正在讀這本書的你是否覺得興奮、期待？還是你身邊是否有做了一半的功課，正覺得很煩？或者你剛剛被家長罵，情緒很低落？

雖然不是什麼很嚴重的事情，但日常生活中，我們的內心隨時會產生各種情緒。簡單來說，心不是永遠只有一個形狀，而是會變化出各種不同的外形。這類開心、不安的心靈形狀就是「情感」。

▲人類的心有許多形狀（情感）。

心的形狀有許多種，什麼時候產生什麼樣的情感，也各有不同。無論如何，了解自己的內心現在是什麼形狀，是很重要的事情。

了解心靈的形狀有許多好處

為什麼了解心靈的形狀很重要？

原因之一是要向他人傳達自己的情感。我相信各位一定也曾有過向別人訴說自己的心情，對方理解後，自己就感到舒暢或受到撫慰的經驗，對吧？如果不知道自己現在有什麼感覺，就不可能向他人訴說。不僅如此，了解心靈有許多形狀，也有助於體諒別人的情緒。我們可以想像對方有什麼感覺，對他的心情產生共鳴。

另一個原因是，若能了解自己的心情，就能安慰自己、鼓勵自己。想像一下自己明明感到「悲傷」，卻一直以為自己很「開心」，在這種情形下，當然不能安撫自己的情緒。思量「自己現在的情緒」，是與心靈和平共存的第一步。

正面與負面情緒都要珍惜

從下一頁起，我將向各位介紹各種心的形狀。一般來說，心的形狀包括喜悅、開心、愉悅等「愉快的情感」，以及悲傷、憤怒、害怕等「不愉快的情感」。各位應該都不喜歡悲傷、恐懼的心情吧？因此有人會認為，我們只要一直維持開心這類愉快的情感即可，那些令人不愉快的情感就讓它完全消失。

不過，我請各位想一想。假設「害怕」的情緒沒有了，結果將

會如何？當我們不再害怕，就不會感到不安，甚至覺得自己變得很強。然而，害怕是一種讓我們過得安全的情緒反應。若我們沒有害怕的感覺，我們很可能主動接近危險物品、接觸危險動物，或是去危險的地方。如此一來，遭遇意外事故或受傷的可能性就會增加。

另一方面，當我們在練習後翻上單槓時，如果失敗一定會感到「不甘心」，但當我們成功時，反而會感到無比開心。事實上，很多時候愉快和不愉快的情緒在內心深處是緊密相連的。當某一種情緒消失，另一種情緒也可能跟著消失。

有鑑於此，無論是哪一種情緒反應，一旦消失反而會更棘手。光想到日子裡如果沒有了興奮期待、擔心憂慮等情感，就覺得呆板無趣。重點不在於抹煞情感，而是學會如何與各種情緒相處。

▲情感是人類生存下去的必要反應。

各種心的形狀①

愉快的、正面的心靈形狀

大腦感覺愉悅時的心靈形狀

接下來要為各位介紹幾種內心的形狀。首先來看正面情緒有哪些形狀。

開心雀躍、興奮期待「快樂」的心靈形狀

當我們和朋友一起玩，或者是看到有趣的事物而笑出來時，內心就會出現「快樂」的形狀。由於那是自己對於「喜歡的」、「覺得舒服的」事物所產生的情緒，因此每個人出現這些形狀的時間點都不一樣。當我們做讓自己開心的事時，我們不但可以很專注，還能有比較好的持續性。有句成語是「如魚得水」，比喻「學習喜歡的事物就能發揮所長」。

▲以享受的心學習較容易熟練，熟能生巧。

不過，快樂心也有不好的一面。若快樂心持續太久或過度膨脹，我們將無法不做可以湧現快樂心的行為。這種情形稱為「成癮症」。快樂的事情也要見好就收，這一點很重要。

心兒怦怦跳「喜悅」的心靈形狀

當我們有理想，或是想像實現理想的美好，就會產生滿足的情感，這就是「喜悅」的心靈形狀。受到父母師長的稱讚、達成目標，以及收到禮物時都會產生喜悅之情。

喜悅心是努力的原動力。無論是唸書或運動，只要成績（成果）好，我們就會感到喜悅，於是想進一步學習，創造更好的成績（成果）。喜悅的情緒有一個好處，不只

是受到他人稱讚時會產生，自己也能創造出來。達成自己設立的小目標或讚美自己，就能孕育喜悅心。

源自於喜歡與舒適感「愉悅」的心靈形狀

當我們吃到美食或泡澡時會產生「愉悅感」。每個人感受到愉悅的事物或場景皆不同。一般來說，當我們身邊都是自己喜歡的事物，或是做自己喜歡的事情時，我們較容易感到愉悅。了解自己會在什麼情況下感到愉悅，就能在哭泣或焦慮不安時為自己打氣，重新振作。

雖然隨時感到愉悅是一件好事，但有時也必須壓抑愉悅的情緒。做功課和打掃房間的過程或許不會讓我們感到愉悅，但這些是幫助各位成長最重要的事情。切記，面對自己該做的事，必須刻苦忍耐，好好去做。

▲知道「讓心情愉快」的方法，就能讓自己天天開心。

知識小專欄 如何面對「羞恥」的心靈形狀

在眾人面前失敗或被老師罵的時候，會讓我們產生「羞恥」的心靈形狀。當我們被別人看見或發現自己的缺點、失敗時，通常會讓人感到羞恥、難為情。此時，我們的臉部會脹紅，或是顯露出我們一直想隱藏的情緒。雖然這種情緒反應和快樂的情緒完全扯不上邊，但為了避免重蹈覆轍，也為了下次能重新振作，羞恥心是很重要的反應。

令人困擾的是，若羞恥慚愧的感覺過於頻繁的出現，很容易讓人失去自信。在此情況下，我們無法鼓勵自己「繼續努力」或是「重新來過」。擺脫這種困境最有效的方法是不要與別人比較。我們不要跟別人比，而是跟昨天的自己比，找出自己「學會的事情」。同時養成稱讚自己的習慣，就能建立自信。

▲我們做過的蠢事也可以成為日後說笑的話題。

各種心的形狀② 不愉快的、負面的心靈形狀

不愉快？心的形狀

接下來要為各位介紹容易讓人感到不愉快、負面的心靈形狀。負面情緒有時也有意想不到的好處。

心中火冒三丈「憤怒」的心靈形狀

當別人對你做了不好的事或是有人說了你的壞話，就容易讓人產生「憤怒」之心。當我們生氣的時候，臉部會脹紅，身體會發熱。當別人犯錯或自己經歷不愉快的經驗，一定會感到憤怒。不過，憤怒心並不是不好的情緒反應唷。

但是，如果任由憤怒心蒙蔽我們的理智，很容易做出偏激行為，一定要特別小心。各位不妨想像，如果你氣到失控，忍不住大聲咆嘯或使出暴力手段，結果將會如何？你的怒氣不是傷害別人的藉口。此外，憤怒心很容易擴散蔓延，遷怒周遭的人、發生嚴重的肢體衝突，這些都是常見的負面反應。

因此，為了避免衍生出額外的問題，生氣的時候請務必提醒自己保持冷靜。當你感到內心開始冒火，不妨嘗試緩慢的做個深呼吸，或是在心裡從一數到十也很有效。透過這種方式轉移自己的情緒，憤怒心就會逐漸平息下來。

▲感到「憤怒」時，不妨深呼吸、數數。

內心慌亂，有不祥的預感「不安」的心靈形狀

「不安」的心隱藏在各種狀況之中。當我們感到憂慮

或煩惱、對自己沒有信心、一個人在家或想到遙遠的未來，就會忍不住感到不安。若是任由不安蔓延，我們將無法行動，因「恐懼感」陷入驚慌狀態。因此，一定要及時處理不安的情緒，避免擴大。了解自己對什麼感到不安，是改變不安心的重要方法。思考自己不安的原因，將原因寫在紙上，或對他人訴說，也是很好的解決之道。在自己做得到的範圍排除造成不安的原因，有助於減輕不安情緒。

▲想像「自己成功的模樣」或「發生好事的未來」，有助於減輕不安的感覺。

瑟瑟發抖、驚聲尖叫！「害怕」的心靈形狀

「害怕」的心靈形狀有各種層級。小型的害怕心屬於「擔心」的情緒。擔心通常出現在「憂慮失敗」、「害怕被討厭」、「不想被罵」等，對自己的行為沒有信心的時候，通常會與不安心一起出現。

擔心對於維持健康與安全很有幫助。例如我們會為了不要感冒而穿暖一點，切菜時也會注意手指與菜刀的距離，這些都是擔心發揮作用的結果。

不過，若「擔心」的情緒過度膨脹，有時會讓我們無法採取正確的行動。各位是否曾經因為過度在意失敗，反而搞砸了自己擅長的事情？適時的擺脫擔心的情緒並採取行動是很重要的事情。

另一方面，當「害怕」的層級往上提，就會形成「恐懼」心。當一個人可能遭遇事故，或感到災害可能危及自己的性命安全時，恐懼心是保護珍貴生命的情緒反應。

淚水不斷滴下、啜泣「悲傷」的心靈形狀

當我們遇到寵物過世或失去重要事物的時候，就會萌生「悲傷」的心。遭到信賴的朋友欺騙、衷心期待的約定

落空時，我們也同樣會感到悲傷（哀傷）。失去重要的人、重要的東西、期待落空或失去信賴等種種情景，通常都會產生悲傷的情緒。

悲傷時絕對不能忍耐，最好向朋友傾訴自己的悲傷情緒，或是大哭一場。事實上，哭泣是最能療癒悲傷情緒的方法。實驗證實當我們流淚，大腦就會分泌讓心情平靜的物質。因此，悲傷的時候千萬不要忍耐，就放聲大哭吧。

▲發生悲傷的事情時不要忍耐，盡情哭泣，全部說出來。

人類心靈形狀的變化方式很複雜

前面的段落為各位介紹了各種心靈形狀，但那只是很小的一部分。人類的情緒反應相當多樣，包括懊悔、驚訝、自暴自棄、彆扭、失望、憎恨、放棄等。

不僅如此，人也會產生「很開心但有些悲傷」、「明明生氣卻忍不住笑了」等，無法以簡單一句話來形容，複雜的情緒反應。事實上，心靈的形狀沒有正確答案。

我們的心隨時都在改變，讓我們感受到許多情感。無論哪一種情感，對你的心都是最重要的糧食。各位也要重視負面的心靈形狀，過好自己的生活。

知識小專欄

如何趕走「煩躁」的心？

遇到不順心的時候，我們總是會忍不住抱怨「煩死了」。這也是心靈形狀的一種，通常出現在遇到自己不擅長的事情，或者必須做呆板無趣的工作時。每個人都有煩躁心，真的很難應付。

煩躁心的解決方法只有一個，就是在煩躁心生根之前採取行動。各位可能覺得只要做到這一點，就永遠不會煩躁了……但是，想要趕走煩躁心，必須親自找出行動的「動力」。有鑑於此，遇到很煩的事的時候，不妨試著採取行動，這樣動力自然就能湧現。只做一分鐘也好，試試看吧！煩躁心一定會在不知不覺間消失。

記憶光碟

小夫
借我的書，
眞的好
恐怖喔！
こわい話
哇啊！
啊…
啊…
啊…
天啊……
チョロ
チョロ
※溼搭搭
大雄居然
被嚇到
尿褲子，
眞是
笑死人
了！
我要去向
大家說！

哆啦A夢~
幫個忙！
媽媽找不到錢包。
那麼重要的東西，你放到哪裡去了？
就是因爲想不起來，才在到處找啊！
啊啊~怎麼辦？
距離爸爸發薪水的日子，還有二十天耶！
哆啦A夢~
不好啦！我們得二十天不吃不喝了！
咦……眞傷腦筋。
「記憶光碟」。
它可以把腦袋中的記憶抽取出來。
？

心與大腦窺探器Q&A

Q 大腦專門在我們做事時提供的記憶認知系統稱為什麼？①行進記憶 ②工作記憶 ③玩樂記憶

A ②工作記憶。英文為Working Memory。將黑板上的文字謄寫在筆記本上，以及心算價格的時候，工作記憶就會發揮作用。

好像又有人來了。
畫面怎麼變模糊了？
※咕唧咕唧
如果是無意識的動作，記憶當然也會不清楚啊。
把光碟擦拭乾淨，記憶就會變清晰。
ゴシ
ゴシ
啊，居然丟在地上。
然後請客人進來……
原來在坐墊下面。
把記憶灌回去吧。
太好了，謝謝你們!!

心與大腦窺探器Q&A

Q 大腦的「海馬迴」體積有多大？①兒童的手掌大小 ②兒童的小指大小 ③兒童的臉部大小

A ②兒童的小指大小。海馬迴的形狀就像小指略微彎曲的模樣，看起來也很像海馬。

剛剛我去嚇大雄，結果……
找到了！
用奇異筆把這一段記憶塗掉。
尤其是胖虎的光碟要從一小時前蓋掉。
這樣就可以還給他們了。
我剛剛好像準備說什麼很有趣的事情……
？
還剩下小夫。
我們得快點找到他。
靜香，
有件很好笑的事情喔！
※漂浮旋轉
プルル..
什麼好笑的事情？
？
快把它蓋掉啊！

心與大腦窺探器Q&A

Q 怎麼用參考書最適合用來複習功課？①使用同樣的 ②使用不同的 ③使用兩種

A

①使用同樣的參考書。每次複習都要使用同一本參考書，若使用不同教材，大腦就會判斷為「全新資訊」，影響複習效果。

變心扇

媽媽我實在快受不了了。
每天都得跟你反覆說同樣的話。
那不要說就好啦！
學校期末考就快到了，
多少也唸點書吧！
我當然會唸啊！
不過在沒幹勁時唸書，是記不起來的。
所以我在等待我充滿幹勁的那一刻到來。
那你到底什麼時候才會有幹勁啊？
這個嘛……可能是一個小時後……也可能是明天……
也可能是下個星期或下個月……
現在馬上去唸書！

Q

「熬夜讀書法」與連續好幾天用功的「埋首苦讀法」，哪一種方式的記憶效果較長？

※轉身
※搧、搧
※起身前進
ムクリ
※振筆疾書
セッセ
セッセ
跟你剛剛說的不一樣啊。大雄很認真的在唸書啊！
哎呀，眞的耶。
……
……
我怎麼會突然充滿唸書的幹勁呢？
那是因爲這把「變心扇」。
※搧、搧
只要被它搧出來的風吹到，就會突然改變想法喔。
我不想唸書了。
扇子借我用。
不行！還給我啦！

A 埋首苦讀法。雖然兩種方法的考試成績可能差不多，但埋首苦讀法學到的知識較難忘記。

心與大腦窺探器Q&A

Q 與「幹勁」息息相關的神經傳導物質是以下哪一個？①麩胺酸 ②催產素 ③多巴胺

A ③多巴胺。多巴胺是一種讓人感到「愉快」的神經傳導物質。當大腦釋放多巴胺，人就會產生幹勁，較容易開啟努力模式。

從剛剛開始就一直覺得不太對勁……
爲什麼就是靜不下心來呢？
怎麼找都找不到。
如果他們躲到太難找的地方就不好玩了。
※搧、搧
呼…好熱。
パタパタ
不玩了。
啊，我知道了！
剛剛之所以會一直靜不下心來，
是因爲想上廁所啦。
快尿出來了。
※搧、搧
今天還眞是熱耶。
パタパタ
突然不想上廁所了。

心與大腦窺探器Q&A

Q 哪種方法較容易專心用功？①在固定時間唸書 ②養成每天唸書的習慣 ③唸書時保持正確姿勢

A 以上皆是。例如養成「吃晚飯前背生字」的習慣，就能一股勁的唸完。保持正確姿勢唸書，也能越唸越起勁。

會說話的噴霧

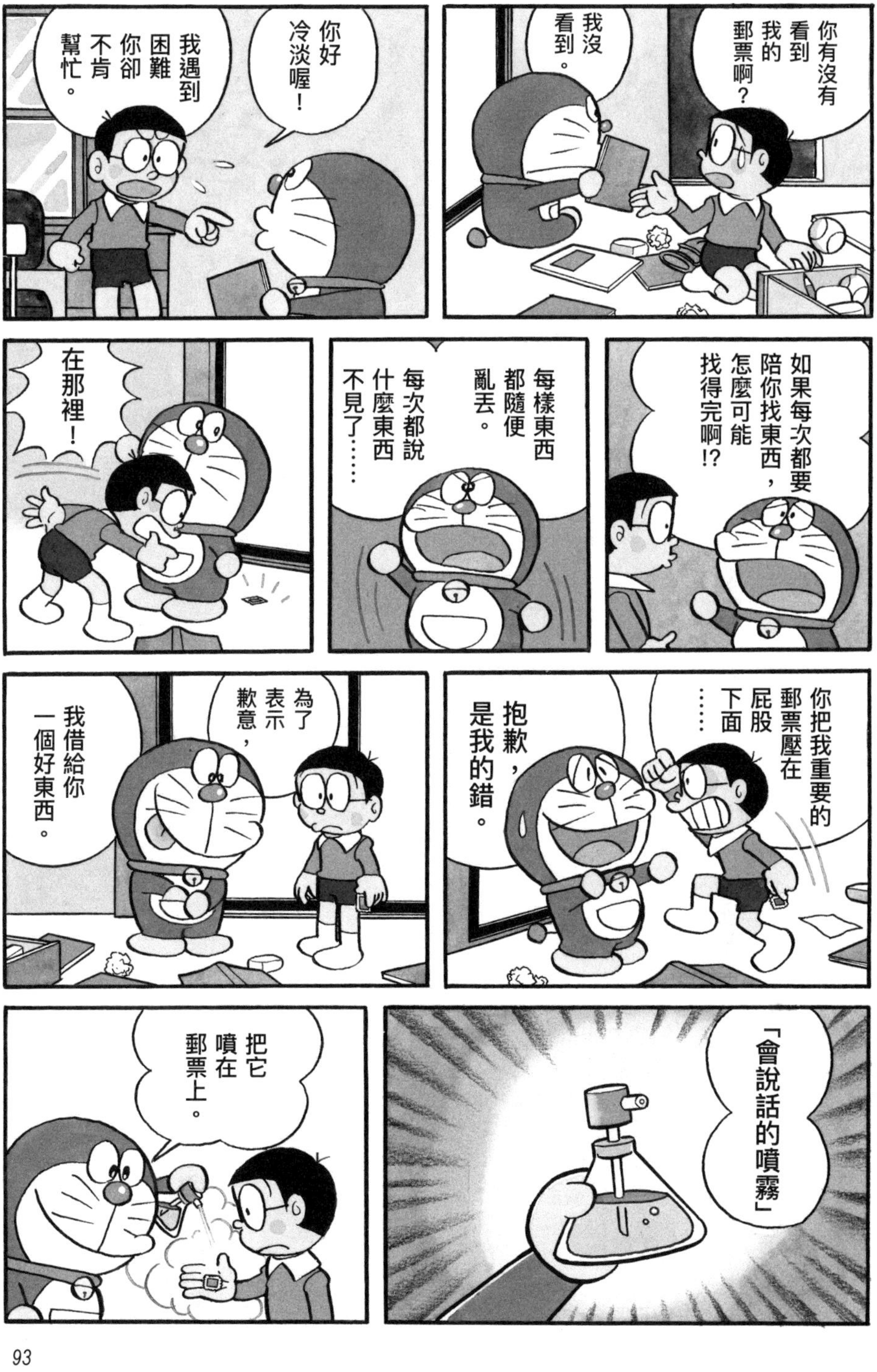
你有沒有看到我的郵票啊？
我沒看到。
你好冷淡喔！
我遇到困難你卻不肯幫忙。
如果每次都要陪你找東西，怎麼可能找得完啊!?
每樣東西都隨便亂丟。
每次都說什麼東西不見了……
在那裡！
你把我重要的郵票壓在屁股下面……
抱歉，是我的錯。
為了表示歉意，
我借給你一個好東西。
「會說話的噴霧」
把它噴在郵票上。

然後藏在我不知道的地方。
藏好了。
郵票先生，你現在在哪裡啊？
我在這裡！
只要把所有的東西噴上噴霧，
你就絕對不會找不到。
我先出去一下。
請先把我們收好！
可惡！書本說話竟然那麼臭屁!!
你要好好收拾啊！
每次都把我們隨便亂放，
我們也感到非常困擾。
對啊，說的沒錯！
你們好囉唆……

心與大腦窺探器Q&A

Q 以下哪個時間點最能提升記憶力？①空腹時 ②吃飽時 ③想睡時

A ①空腹時。由於這個緣故，吃飯前背書的效果最好。

這是很珍貴的郵票，
拿去給靜香看看吧。
她一定會很羨慕的～
靜香在家嗎!?
這個郵票真的很稀少。
很貴吧？
還好啦～
為了買這張郵票，我花了半年的時間存錢呢!!
騙人！你明明是在垃圾場撿到的。
我們來互相交換不要的郵票吧？
好啊！
我先回家拿郵票收集盒。
我放到哪裡去了？

※悉悉簌簌

Q 怎麼做能夠舒緩考試前的焦慮、不安？①先睡再說 ②將不安的想法寫在紙上 ③活動身體

A ②將不安的想法寫在紙上。實驗證實，將不安的想法具體的寫在紙上，不僅能舒緩緊張情緒，也能促進大腦功能。

閉嘴！
媽媽！大雄他……
連襯衫都會說話!?
大雄要偷溜出去！
連褲子也會說話！
作業……
還沒有寫完，
怎麼可以……
跑出去玩!?
你在做什麼？

「記憶」機制如何運作？

第4章 心與記憶的關係

記憶的作用就是證明自己的存在

提到「記憶」，各位可能會聯想到唸書或考試時需要的能力。事實上，記憶還有其他重要作用。

舉例來說，我們之所以能區別「自己」與他人，是因為我們有記憶。若我們連自己都記不住，就分不清自己是誰了。

另一方面，各位都是根據自己的記憶產生感受、思考事情或是做判斷。不妨想像一下上體育課的情景，你覺得體育課很有趣，但身旁的同學可能不想上課。明明做同一件事，但每個人的感受都不同，原因就在於各自累積的人生記憶不一樣。也因為每個人都有自己的記憶，所以會有不同的個性。

總的來說，我們的「心」是由記憶累積建構出來的。如果你的記憶被替換成別人的記憶，你很可能會變成另一個人。要是我們失去了所有記憶，我們就會丟失自己的心。

此外，過去、現在與未來等「時間」概念的存在，也來自於記憶。如果將過去、現在與未來切割開來，我們只能感受到「目前這一刻」。正因為「目前這一刻」是由記憶串聯起來的，因此人類可以察覺時間的流動。

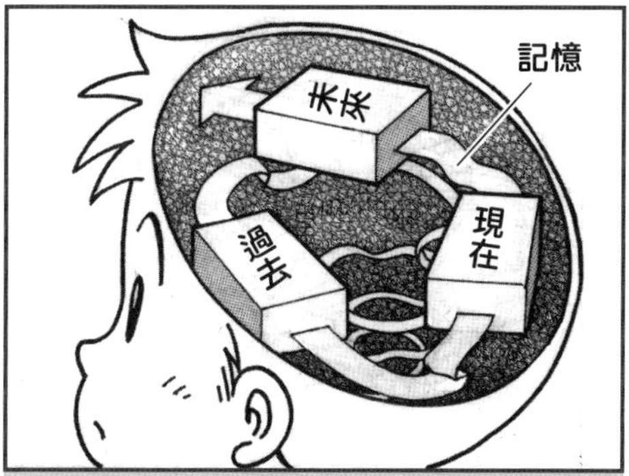

▲正因為我們有記憶，才能夠了解「過去」、「現在」與「未來」

「短期記憶」與「長期記憶」這兩種記憶有何差別？

依照留存的時間長短，記憶可分成「短期記憶」與

「長期記憶」兩種。

請各位想像兩個分別寫著「短期記憶」與「長期記憶」的箱子。各位看到的、聽到的資訊，會先放入短期記憶的箱子裡。雖然這個箱子很大，所有資訊都放得下，但存放時間很短。

接著，大腦會從短期記憶找出特別重要的部分，轉移至長期記憶的箱子裡。無法轉移成長期記憶的資訊就會被遺忘，不會留在大腦裡。

舉例來說，各位上課時將黑板上的文字抄寫在筆記本裡時，必須先記住那些文字一段時間，這個就是短期記憶。

抄寫在筆記本裡的資訊中，當然也有事後可以回想起的知識，這就是長期記憶。

此外，長期記憶分成可使用語言和圖表「說明」的記憶，以及「無法說明」的記憶。像是小時候的回憶和唸書獲得的知識，就是「可以說明」的記憶；後翻上單槓的技巧和腳踏車的騎法這類用身體記憶的部分，就是「無法說明」的記憶。

留在記憶裡的資訊門房「海馬迴」的作用

話說回來，進入腦袋裡的資訊，是由哪個部位決定可不可以移動到長期記憶呢？此時發揮作用的是大腦的「海馬迴」。

海馬迴會從短期記憶中，判斷哪些資訊可以遺忘，哪些資訊又該記住。由於這個緣故，即使是各位「極力想記住」的記憶，只要海馬迴認為「忘記也可以」，各位想記也記不住。

事實上，有幾個小技巧可以讓海馬迴判斷「這項資訊應該記住」。我將於第一〇三頁，詳細解說如何巧妙的運用海馬迴記住資訊。

▲海馬迴的職責就像是大腦的資訊門房。

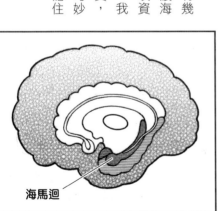

大腦為什麼會「忘記」？

比起記住 大腦更擅長忘記？

無論是用功唸書或自己喜歡的事物，好不容易記住了卻馬上忘記，覺得無比灰心，各位是否也有過這樣的經驗？其實，這不是你的記憶力不好導致的結果，而是因為比起記住，大腦更擅長忘記。

即使是在沒有刻意學習的狀態下，我們的大腦一直在接收大量資訊，包括光線、聲音、味道等。可是大腦容量有限，無法全部記住。因此，海馬迴會遴選所有資訊，特地留下重要資訊，存入長期記憶的箱子裡。進入大腦的資訊絕大多數都會被拋棄，只有極少部分才會長時間保存下來。

遴選資訊還有另一個目的，那就是節省大腦消耗的熱量。腦部的重量只有全身的百分之二，但消耗的熱量卻是全身總消耗熱量的百分之二十。簡單來說，我們必須消費許多熱量才能讓腦部運作，因此必須拋棄無謂的資訊，減少浪費。

大腦「無意間」的記憶能力也有好處

大腦健忘的特質其實也有好處，其中之一就是當我們需要辨識其他人是誰的時候。我們的大腦會在「無意間」記住每位朋友的個人特徵，讓我們在朋友戴了眼鏡或換了髮型的情況下，依舊能認出他來。相反的，電腦雖然可以精準記住各種事情，但無法處理這類「沒有特殊理由」的判斷行為。若利用電腦

▲換了髮型也能認出來，這是人類特有的能力？

辨識朋友，只要朋友的長相稍稍有點變化，電腦就看不出來了。

遺忘的速度越來越慢

假設你現在記住了一百個單字，四個小時之後，你已經忘了五十個。一天後再忘記二十個，兩天後會再忘記十個。簡單來說，遺忘的速度會越來越慢。

根據研究，每個人都有相同傾向，並非特定人士的遺忘速度才會變慢。

證實這一點的專家是來自德國的心理學家赫爾曼・艾賓浩斯。他將人類的遺忘型態繪製成以下圖表，稱為「遺忘曲線」。

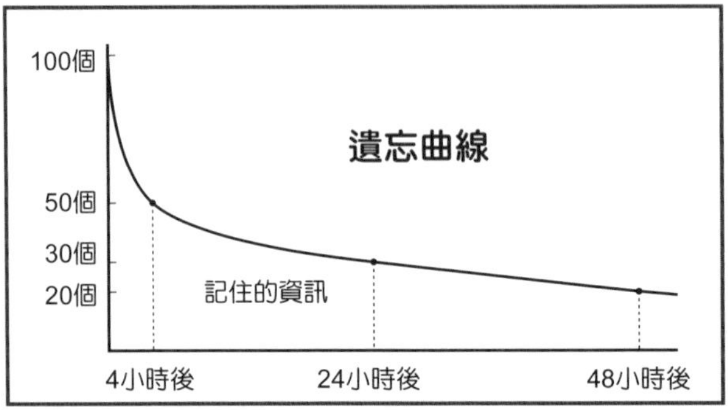

遺忘曲線
100個
50個
30個
20個
記住的資訊
4小時後
24小時後
48小時後

若想牢牢記住大腦接收的資訊，配合遺忘時間重複練習相當重要。我將在後方章節詳細說明最有效的複習時機。

記憶也會欺騙我們

雖然記憶發揮極大作用，但有時候我們卻不能輕信記憶。簡單來說，我們以為是真的記憶其實有可能是假的。

首先請各位做一下左邊的測驗。

請花一分鐘仔細閱讀並記住以下單字，接著回答下一頁頁面下方的問題。

書桌　筆記本　椅子　橡皮擦　參考書　筆記用具

鉛筆　字典　尺　漫畫　閱讀　原子筆

結果如何？你能說出答案嗎？在這項實驗中，許多人回答「筆」，原因在於清單上的單字有許多文具，讓人自然聯想到「筆」。正確答案其實是「漫畫」唷。

從上述實驗可以得知，記憶無法完全反映出事實。有時候我們充滿自信的說出自己的記憶，但最後發現並不正確，完全是兩回事。

提升記憶力的方法大公開

不斷重複是留下記憶的重要方法

無需使用特別的道具，也能用一些方法來增強記憶力。前面的章節已經介紹過，海馬迴會判斷進入大腦的資訊是否需要留在記憶裡。因此，只要用一些技巧讓海馬迴認為「這項資訊很重要」，我們就能輕鬆記住。

其中一個技巧是我們常說的「複習」。各位可能覺得「這也太簡單了吧」？不瞞各位，只要是出現過好幾次的資訊，海馬迴就會認為「這很重要」，因此一定要善用複習技巧。

許多實驗也證實在對的時間複習，效果最好。例如在最初的一個月內複習五次，分別是第一次學習的一天後、三天後、七天後、二十一天後與三十天後。第二個月還要複習兩次，分別是四十五天後與六十天後，前後總計七次。這七個時間點是複習效果最好的時機。

海馬迴遴選要留下的資訊約需一個月，在這段期間多複習幾次，之後再拉長複習間隔就可以了。

想記住的資訊要不斷「輸出」

另一方面，吸收資訊稱為「輸入」（input），釋放資訊稱為「輸出」（output）。不斷輸出有助於增強記憶。

輸出的方法有很多，包括說給別人聽、用自己的話寫下來等。「考試」也是很有效的輸出。有鑑於此，在學習期間不妨多多出題考自己。考試時的臨場反應，不論是苦思、答錯或想像，都有助於想起正確答案。輸入的資訊只要盡可能輸出，就能成為長期記憶。

▲將自己記住的事情說給別人聽也是一種「輸出」。

辛勤苦讀再半途而廢更容易記住？

相信很多人都希望可以輕鬆記憶，遺憾的是，實驗已經證實輕易記住的事物很快就會忘記，花了很多心力才記住的事情較容易留在心中。

「用筆寫下來」比「用眼睛看」更能有效記憶。若是遇到自己覺得艱澀難懂的書籍或教科書，還有另一種方法可加速學習。那就是在答錯的時候，不要立刻翻書看解法，憑自己的力量仔細思考。

此外，很多人會在唸完國語之後，再拿出數學課本計算題目。但事實上，唸書唸到一半就停止，較容易加強記憶。原因在於大腦有一個習慣，一旦開始的事物就一定要做到最後。因此，半途而廢會比一口氣做完更容易記住。簡單來說，讀書時用功學習某一科目到某個段落範圍，抱持著「我想再多唸一點」、「我還是不太懂呢」等想法，然後故意唸到一半就停止。接著學習另一個完全不同領域的知識，從頭唸起再半途而廢回到原來的科目。各位不妨試試這種「交互學習」的方式，輪流學習不同知識，還能延長你的幹勁喔！

利用好奇心與情緒反應提升記憶力

話說回來，輸入資訊時如果能抱持好奇心或產生情緒反應，也能提升你的記憶力。

簡單來說，好奇心就是感興趣，充滿期待。各位是不是對於自己喜歡的漫畫人物如數家珍，翻開課本卻一個字也記不住？為什麼我們會記住自己喜歡的事物呢？這是好奇心驅使的緣故。當我們對某件事感到期待的時候，大腦會發出「θ波」，海馬迴會認定這是重要資訊。

誠如第三章介紹過的，有些資訊會觸動我們的情緒反應，這類資訊會讓海馬迴認定為重要訊息。

為了將知識與好奇心、情緒反應結合在一起，各位唸書的時候千萬不要覺得無聊，一定要感到興奮期待，找出

▲看學習漫畫產生各種情感，同時吸收新知，也有助於提升記憶力？

自己認為有趣的重點。舉例來說，親自去一趟在社會課中學過的地點，親自觀察在自然課本看過的生物。將學習到的知識轉換成親身經歷，也是很有效的方法。如此一來，這項資訊就能成為結合好奇心或情緒反應的「回憶」，留存在記憶裡。

睡得好的孩子記憶力也最好

考試前犧牲睡眠時間努力用功，或是整晚不睡熬夜唸書，相信這是許多人都有的共同經驗。事實上，這個做法不利於記憶。

各位睡覺的時候是海馬迴最活躍的期間。海馬迴在睡眠期間會將清醒時吸收的資訊快轉一遍，選出要送至長期記憶箱子裡的訊息。順帶一提，我們睡覺時做的「夢」，大部分是海馬迴重播的記憶。

由此可知，海馬迴會在睡眠期間充分運作，各位如果能在讀完書後儘快入睡，將有助於記憶。尤其是需要硬背的知識，例如生字、九九乘法表、各鄉鎮市的名稱等，晚上學習的效果會比白天更好。

大腦還有「記憶恢復」效果。簡單來說，睡前拚命練習怎麼也學不會的事物，一覺醒來可能就學會了。這是因為海馬迴會在睡眠期間整理資訊，不斷嘗試錯誤，找出最好的處理方法。

睡眠也是用功唸書很重要的一環。理想的狀況是每天睡滿八小時，最能提高記憶力。

▲持續練習的事物在一覺醒來後立刻學會，全是因為海馬迴整理記憶，使該事物變得更容易運用所致。

知識小專欄 「突然忘記」的時候該怎麼辦？

原本打算到房間拿剪刀，一走進房間卻忘了自己要做什麼。想和朋友聊某位名人的事情，卻突然忘記那位名人的名字。這種「突然忘記」的現象真令人不痛快。當大腦突然無法喚醒既有記憶，就會讓人一時想不起自己要做什麼。事實上，無論小孩大人都會突然忘記，因此無須太過在意，當成大腦在鬧脾氣即可。當你突然忘記的時候，不妨創造出與忘記前的一樣的情境。例如回到讓你產生「想去房間拿剪刀」這個想法的地方，就容易回想起來。

心情氣象台

不知道媽媽現在的心情如何……
如果剛好心情不好，這樣根本就是火上加油，媽媽一定會氣炸的……
既然如此……
「心情氣象台」。
用這個可以看見對方的心情是晴天、陰天還是雨天……
烏雲密布。
心情非常惡劣。
晚一點再說吧。
※電話聲
這裡是野比家。
爸爸？發生什麼事了？

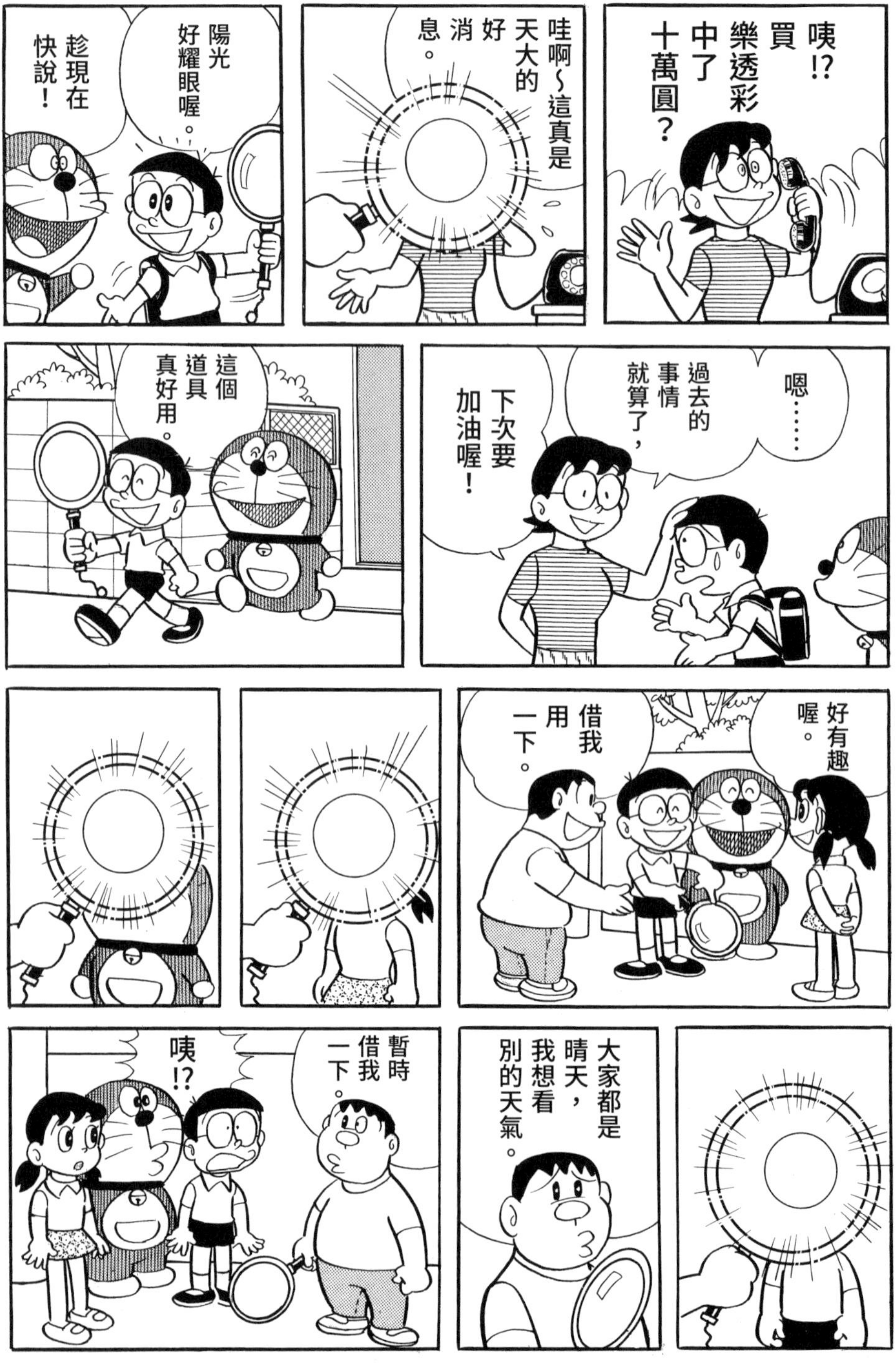

心與大腦窺探器Q&A

Q 在一段影片中瞬間插入其他影像，讓觀眾留下印象的效果稱為什麼？ ①閾下知覺 ②都卜勒效應

A ① 閾下知覺。一直到九〇年代，閾下知覺仍經常運用在商品廣告中，不過現在已經禁止播放。

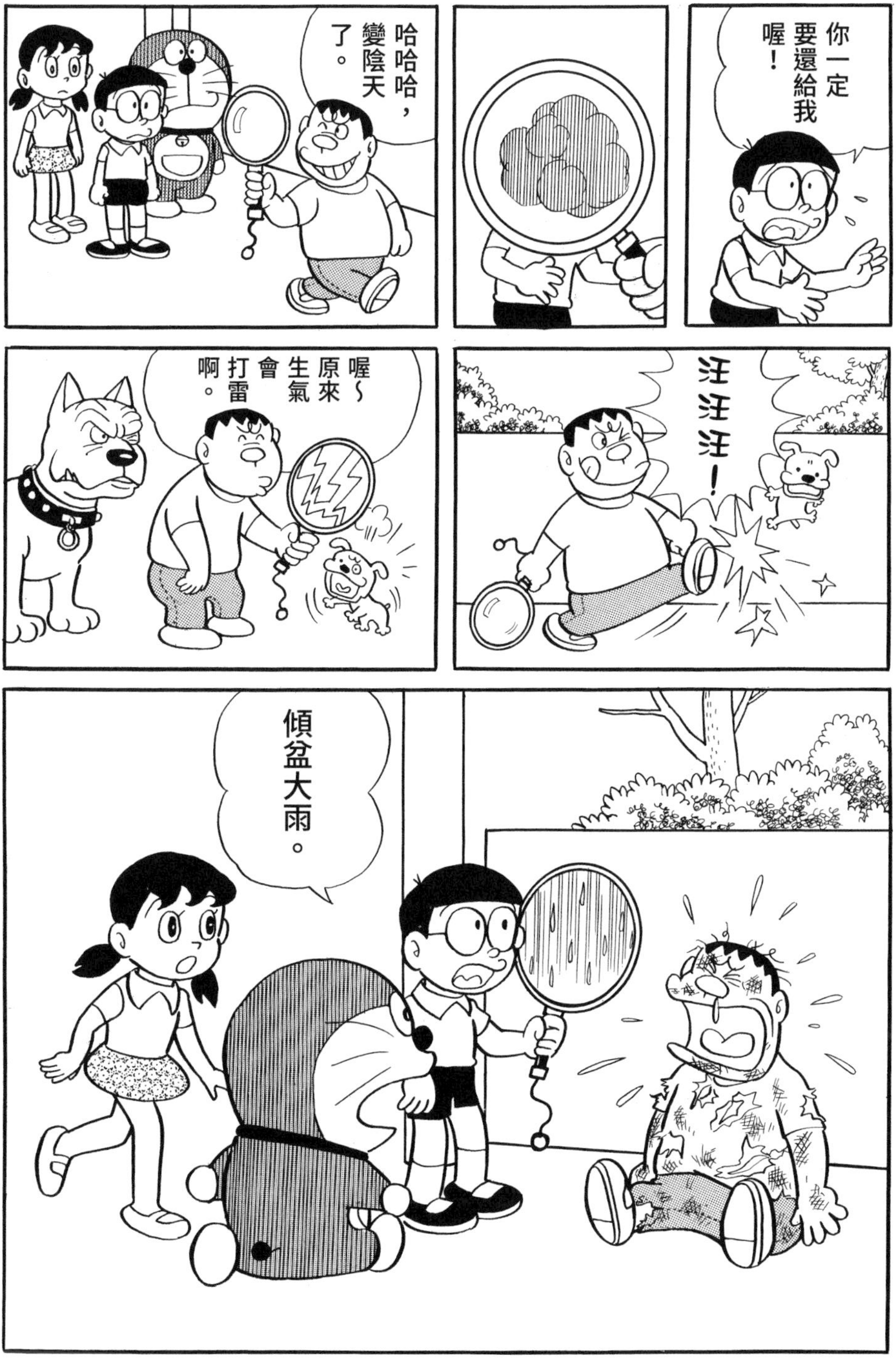

將心靈科學化的「心理學」是什麼樣的學問？

什麼是心理學？

大家聽過「心理學」嗎？「心理」是「心的作用」之意。心理學是從理論角度研究人類內心的作用，是一門釐清內心機制的學問。

第二章介紹的「腦科學」是從腦部研究揭開內心奧祕的學問，若從研究「心」的領域來看，心理學也是同樣目的。

腦科學主要研究「腦」，心理學主要研究「心的作用」。由於心與腦息息相關，也可以說這兩種學問的研究標的是一樣的。

▲亞里斯多德在其著作《靈魂論》中，描述心就在心臟。柏拉圖主張人的靈魂（心）是由理性、意志、慾望等三大要素構成。

腦科學與心理學擁有無法切割的關係。

心理學這個名詞第一次出現在一五九〇年，德國哲學家魯道夫・郭克蘭紐（Rudolphus Gocleniu）的論文名稱上。但從西元前開始，人類就已經在研究「心」了。古希臘的亞里斯多德與柏拉圖等哲學家早已注意到心的作用，在其各自著作留下了與心靈作用有關的言論。

心理學的種類

心理學大致上分為「基礎心理學」、「應用心理學」兩種。

基礎心理學是透過實驗等方式，研究心理學基本的一般法則，聚焦於人類「群體」從事各種研究。具體來說還包括認知心理學、知覺心理學、發展心理學、社會心理學、學習心理學、異常心理學、語言心理學、人格心理學、數學心理學等分支。

應用心理學是將基礎心理學研究獲得的知識與法則，

應用在實際生活裡，主要聚焦在「個人」身上，是其特色所在。包括臨床心理學、教育心理學、產業心理學、音樂心理學、色彩心理學、運動心理學、災害心理學等等，這只是極少的部分。隨著時代演變與技術進步，人類要面對的事情越來越複雜，因此這幾年應用心理學更加細分化與專業化，於是產生各種應用心理學的分支，運用在生活的各種面向。

心理學教我們的事

自古哲學家就開始研究看不見的「心」，後來由心理學家與身心科醫生（或稱精神科醫生）等各界人士做進一步的研究。舉例來說，奧地利身心科醫生佛洛伊德將人類的心分成「意識」和「無意識」。意識指的是各位有所感覺的「心」，無意識則是我們平時感受不到，或無法察覺的「心」。

▲佛洛伊德是確立「精神分析學」，治療心理問題的人。後來主張心是「本我（慾望）」、「自我（意識中心）」與「超我（良心）」三大要素組成。

佛洛伊德認為，我們的行動與自己都無法察覺的「無意識」有很大的關係。這個想法也深刻的影響了後來的心理學研究。

心理學有助於理解自己的心。此外，學習心理學可以了解人為什麼會有性格差異，明白個性形成的過程，也能幫助我們知道，怎麼做才能讓人際關係更圓融。

心理學沒有正確解答

心理學研究的是心的作用和運作機制。然而，每個人的心都不同，不可能有每個人都適用、絕對正確的解答。話說回來，心理學的目的是透過各種實驗與研究，找出「這類人比較多」的傾向。因此，心理學有許多知名的研究者，他們有時分別提出相同論點，有時卻主張完全相反的觀點。這樣的情形難免讓人感覺混亂，但這也代表「心」沒有正確答案。

正因為心理學沒有正解，讓許多人更想進一步了解，覺得相關研究很有趣，並從中發現研究的意義。

各種心理學①

「基礎心理學」包括哪些內容？

認知心理學研究心的運作機制與作用

「認知心理學」研究的是看、聽、說、記憶、思考等，人心的運作機制。這個領域的研究在電腦誕生之後蓬勃發展，將人類處理資訊的機制與電腦處理資訊的機制互相套用比較，持續研究。

「認知偏差」的神奇之處

各位是否曾經在某件事發生時，產生「我就知道會這樣」的反應？我們經常在日常生活中遇到「與直覺相符」的事情，事實上，你的「直覺」很可能是假的。實驗證實人類的大腦有一個「慣性」，會將得知結果前的記憶替換成「我覺得是〇〇」。此慣性稱為「後見之明偏誤」。

這類從刻板、先入為主的觀念和偏見的角度思考，導致偏誤或養成習慣的現象稱為「認知偏差」。日常生活中存在著許多認知偏差，「安慰劑效應」（假藥效應）就是其中一例。安慰劑效應指的是只要當事者相信有效，即使吃的是沒有任何有效成分的假藥，也會產生與真藥一樣的效果。此外，第一〇二頁介紹的「記憶會騙人」也是認知偏差之一。

▲無法得到自己想要的東西時，就會說一些合理的藉口說服自己。這就是「酸葡萄心理」，是認知偏差的典型範例。

知覺心理學釐清的是心靈與知覺的關係

人有五感，分別是用眼睛看的「視覺」、用耳朵聽的「聽覺」、用嘴巴嘗味道的「味覺」、用鼻子聞味道的「嗅

※P113 ①的答案：看起來是不是有兩個分別朝上與朝下的三角形？事實上圖案中沒有三角形。

覺」，以及用皮膚感覺的「觸覺」。包括五感在內的各種知覺，與心有什麼樣的關係？這個問題的答案就是「知覺心理學」的研究主題。

知覺中研究得最多的是「視覺」。從眼睛進入的資訊量既龐大且複雜，因此研究範圍相當廣泛。

不可思議的「視錯覺」是怎麼發生的？

首先請看下圖。看到實際上不存在或是誤認的東西，這個現象稱為「錯視」或「視錯覺」。

發生錯視的原因大致可分成兩種，一種是腦部或視網膜等與視覺有關的器官構造產生的，另一種則是來自腦部「先入為主的判斷」。

人類的大腦會根據過去經驗，利用「光線應該是從上方往下照射」、「遠處的物品看起來比較小」等常識原理，處理或修正眼睛看到的事物。在大多數情形下，這些原理都能充分發揮作用，讓我們如常的看到應該看到的東西。然而，有時候也會因為這些「先入為主的判斷」導致錯視。

知識小專欄　我們從幾歲開始認得「自己」？

各位覺得多大的嬰兒能看到鏡子裡的自己並意識到「那就是我」？為了釐清這一點，有一項實驗是在嬰幼兒的額頭貼上貼紙，再用鏡子照著他。當嬰幼兒看到鏡子裡的人額頭上有貼紙，會自然伸出手摸自己的額頭時，就代表他意識到「鏡子裡的人是自己」了。實驗結果顯示，大多數一歲半到兩歲的嬰幼兒會摸自己的額頭。像這樣可以區分自己與他人，或是認出周遭環境的反應稱為「自我意識」。從實驗結果即可得知，人類從一歲半之後開始有自我意識，隨著年齡增長，自我意識越來越深厚。研究人類心靈與身體發展歷程的心理學領域，稱為「發展心理學」。

①以下圖像看起來是什麼形狀？

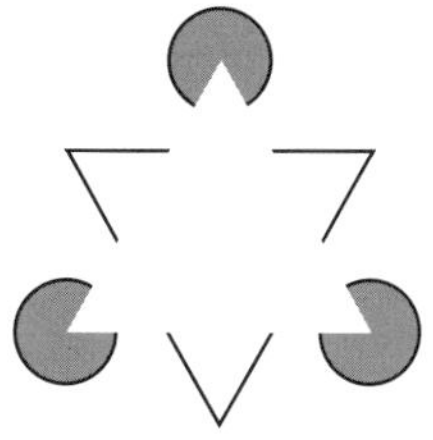

Eric R.Kandel,James H.Schwartz,Thomas M.Jessell,ESSENTIALS OF NEURAL SCIENCE AND BEHAVIOR,p.391 figure 21-7,1995 © 1995 Appleton & Lange,reproduced with permission of The McGraw-Hill Companies

②比較一下這兩條直線的長度。

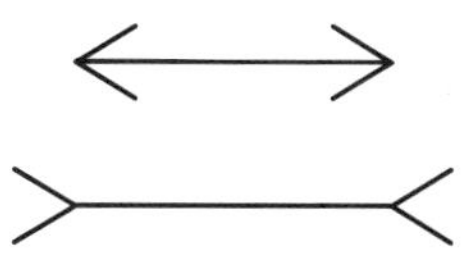

※②的答案：下方直線看起來較長，事實上，兩條直線的長度是一樣的。

各種心理學②
「應用心理學」的廣闊世界

音樂心理學
研究的是音樂對心靈帶來的影響

聽到自己喜歡的歌曲，心情會輕鬆愉快。聽到曲調陰沉的歌曲，心情會感到悲傷。你會不會也有這樣的感覺？音樂的力量足以影響我們的心靈與情感，音樂心理學的研究主題是音樂對心靈造成的效果。

而將音樂心理學發現的法則，拿來治療心理失調的方法稱為「音樂療法」。音樂療法有兩種，一種是利用聽音樂治療的「被動式療法」；另一種是透過唱歌、彈奏樂器治療的「主動式療法」。音樂療法具有放鬆心情、減輕壓力，舒暢心靈的效果。

▲音樂可以影響人心。

聽莫札特的音樂可以變聰明？

各位聽過知名作曲家莫札特嗎？

據說聽莫札特的音樂可以「變聰明」。美國的羅契爾博士在科學論文發表了莫札特效應，實驗結果顯示，聽莫札特音樂的人智商（IQ）可以增加八到九分。不過，這項說法備受爭議，直到今日還有人懷疑其真實性。

順帶一提，完全沒有任何聲響的「無聲」環境，對於提升

▲在有自然背景音、有人小聲說話或冷氣室外機運轉聲等，發出細微聲響的地方唸書，較容易集中注意力。

專注力沒有幫助。有細微的背景音或播放背景音樂，反而有助於我們集中注意力。讀書時聽一些河水流動的聲音或下雨聲等自然音樂，可以提升用功的效果。

色彩心理學 解讀顏色與心靈的關係

與音樂一樣，「色彩」也與心靈息息相關，在這方面已經有廣泛的研究。色彩的力量可以影響人心，使心情沉靜或高亢。舉例來說，紅色、橘色、粉紅色等暖色系讓人感覺「溫暖」；青色、綠色、藍色等冷色系則給人「清涼」、「祥和」的印象。利用顏色帶有的心理效果，決定物品或空間配色，稱為「色彩調節（color conditioning）」。「色彩心理學」研究的就是顏色對心靈帶來的影響。

▲看到觀葉植物或行道樹能讓我們感到愉快，這可能是綠色發揮作用的結果。

「紅色」具備的神奇力量

若要討論色彩具備的力量，「紅色」是最容易理解的。紅色可以促進食慾、威嚇敵手。實驗證實，運動時如果穿上紅色隊服或佩戴紅色用品，有助於提高勝率，可以減弱對手的戰鬥意志與幹勁。

不過，有學者認為紅色不適合運用在用功讀書的場合，許多實驗都證實這一點。實驗小組將智力測驗的題目本封面改成紅色、綠色、黑色、青色等顏色，將不同顏色的本子遞給受試者。結果發現拿到紅色本子的受試者，平均分數下降了百分之二十。原因應該就是紅色減弱了受試者的「幹勁」。基於這個結論，平時唸書的房間，或許盡可能不要擺放紅色的物品比較好。

▲紅色可以提高人的警戒心，降低對抗的意志。由於這個緣故，紅色經常用在警示號誌（紅燈）或標示上。

蒲公英飛向藍天

哇～
真讓人驚訝呢！
快看看玻璃箱裡！
這是去年為了養甲蟲而買的箱子。
你仔細看看裡頭。
是蒲公英！
種子飛進來了吧！
拿去扔了吧。
喂，等一下。
你居然這麼乾脆就決定要扔掉。
好不容易要開花了，這樣很殘忍耶……
幹嘛說得那麼誇張？不過是株蒲公英而已嘛！
你怎麼能有那種想法呢？無論是一根小草，還是一隻蟲子……
你也應該要有愛護它們的心。要是你的心靈無法與大自然有所交流，那麼你的人性就會……
完全聽不懂你在說什麼。

心與大腦窺探器Q&A

Q 以下哪一種動物的腦部最重？①海豚 ②黑猩猩 ③大猩猩

A ①海豚。海豚的腦比人類還重，皺褶也較多。不過，腦部越重不代表「越聰明」。

那我把你種到院子好了。
她笑了耶！
種在這裡吧。
可以移到能多晒點太陽的地方嗎？
那這裡好了。
※挖
ガ
非常謝謝你。
好羨慕喔，就只獨厚蒲公英。

心與大腦窺探器Q&A

Q 以下哪一種生物的眼睛看不見「紫外線」？①昆蟲 ②鳥類 ③人類

A ③人類。人類的眼睛無法看見會使人晒黑的紫外線，昆蟲、鳥類和爬蟲類看得見。

你就別想太多了。偶爾戴起來玩玩就好。
誰稀罕那種東西。
我不會再戴上它了。
喔……大概是哆啦A夢又偷藏銅鑼燒了。
把眼鏡戴上來看看吧。
要認真的工作，冬天就快來了。
現在偷懶的話，以後一定會後悔的。
千萬不要像大雄一樣，嘿咻、嘿咻！
哇啊？大雄在唸書耶!!
他是那根筋不對勁啦!?

※嘩
ジャア
※嘩
ジャア
這樣你們就沒話說了吧？
謝謝你每次都幫我澆水。
你的花苞應該快開了吧？
喂……大雄，一起去打棒球吧！
我才不去呢！
萬一打輸又會怪在我頭上。
這樣不行喔！既然不擅長，就應該更加努力練習才是。
很煩耶！你再囉嗦的話，我就不管你了。

心與大腦窺探器Q&A

Q 以下哪一種動物的睡眠時間最長？①長頸鹿 ②無尾熊 ③老虎

A ②無尾熊。老虎一天睡十五小時，無尾熊睡二十二小時左右。長頸鹿只需睡幾十分鐘到兩小時就夠了。

Q 野貓很少「喵喵叫」，這是真的嗎？

開得好漂亮喔！
這都是大雄的功勞。
沒有啦～
因為你把我種在這個好地方，又在風雨中保護我。
大雄真的是一個溫柔又可靠的男孩呢！
我還是第一次被這樣誇獎呢。
我也覺得和你聊天是最愉快的。
最近這孩子每天在院子自言自語的……真令人擔心耶。

A 真的。只有在接近人類環境中生活的貓咪會「喵喵叫」，這可能是貓咪用來與人類交流的叫聲。

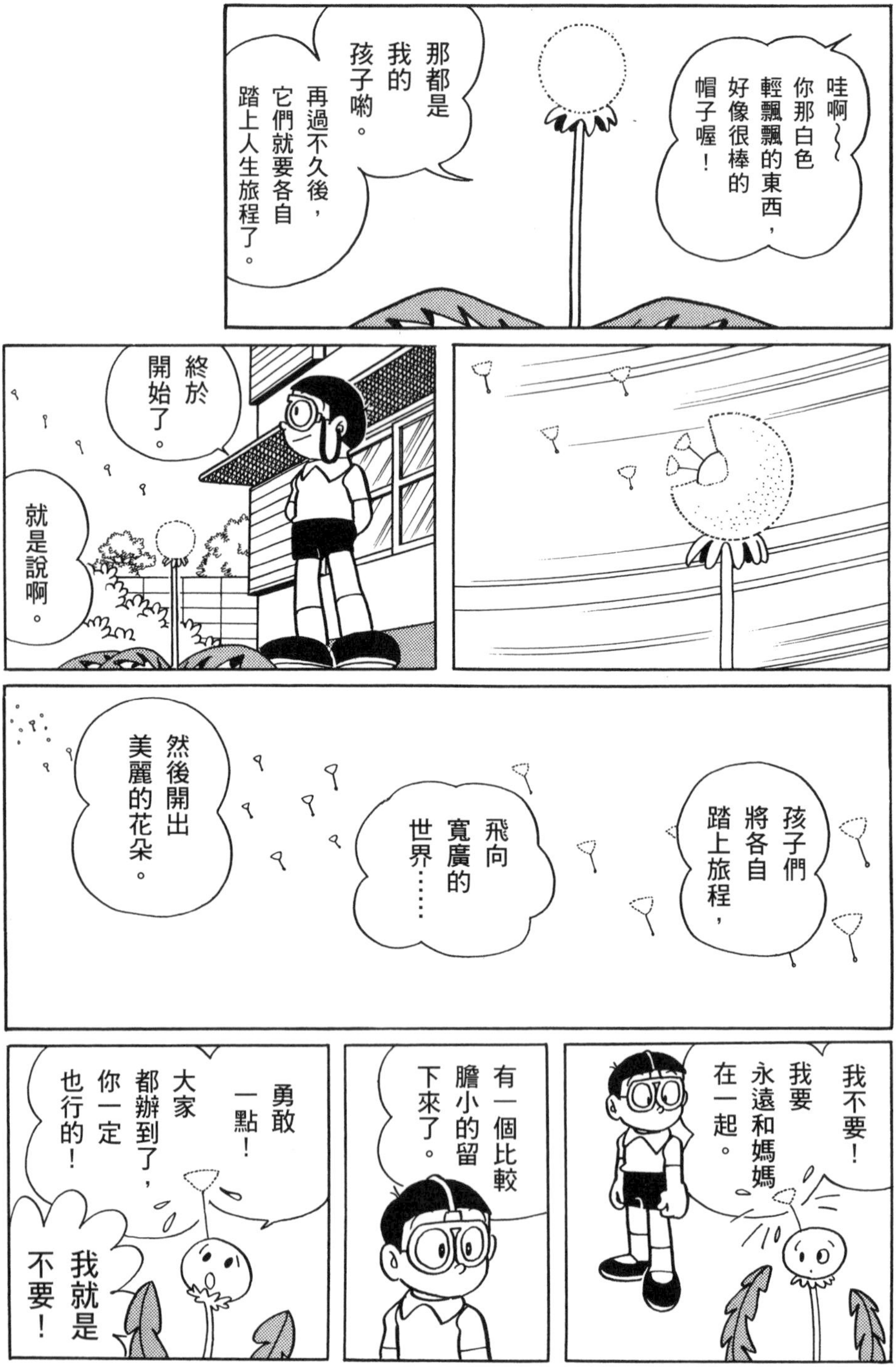
哇啊～～你那白色輕飄飄的東西，好像很棒的帽子喔！
那都是我的孩子喲。
再過不久後，它們就要各自踏上人生旅程了。
終於開始了。
就是說啊。
孩子們將各自踏上旅程，
飛向寬廣的世界……
然後開出美麗的花朵。
我不要！
我要永遠和媽媽在一起。
有一個比較膽小的留下來了。
勇敢一點！
大家都辦到了，你一定也行的！
我就是不要！

心與大腦窺探器Q&A

Q 座頭鯨用什麼方式溝通？①動作 ②味道 ③唱歌

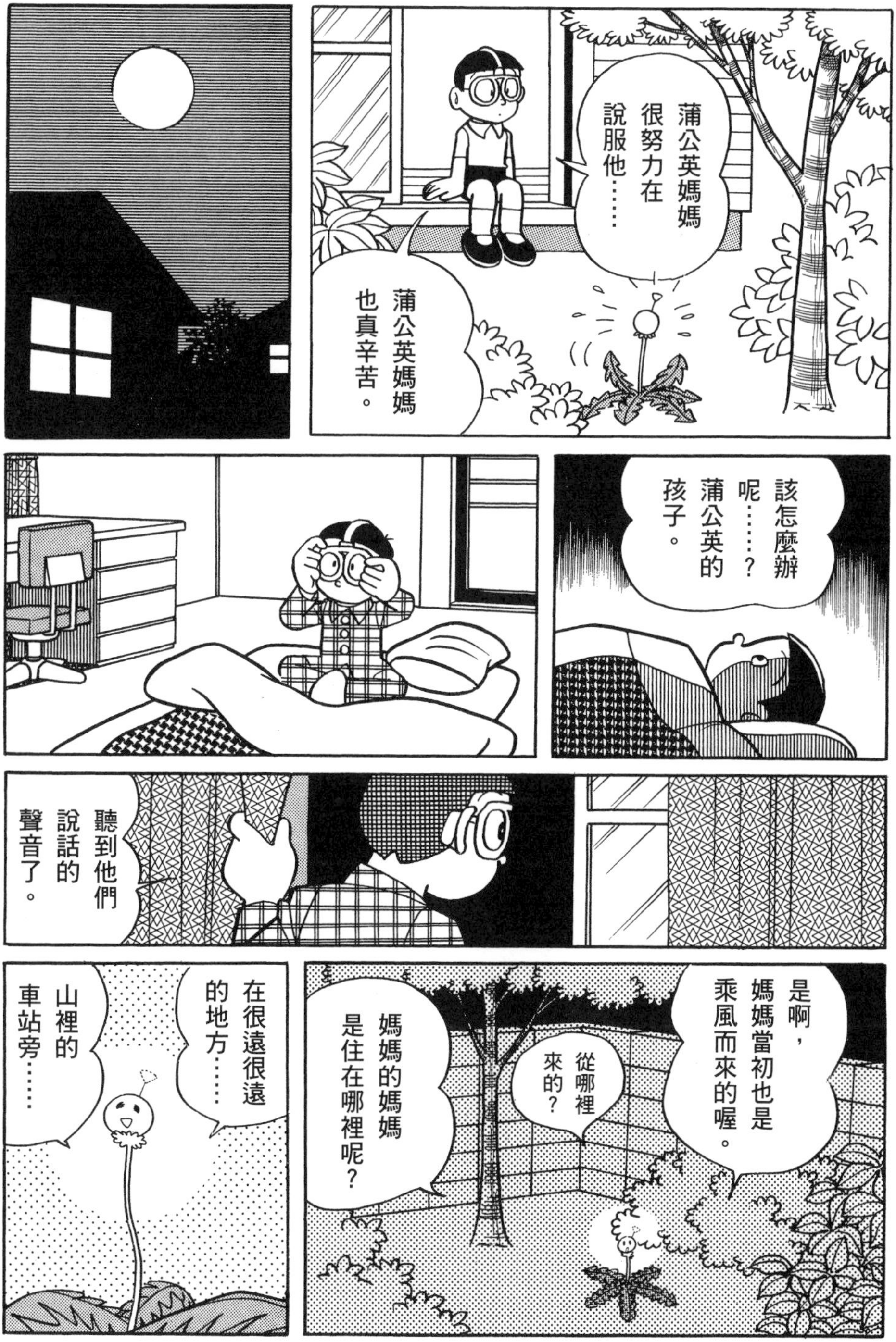
蒲公英媽媽很努力在說服他……
蒲公英媽媽也真辛苦。
該怎麼辦呢……？蒲公英的孩子。
聽到他們說話的聲音了。
是啊，媽媽當初也是乘風而來的喔。
從哪裡來的？
媽媽的媽媽是住在哪裡呢？
在很遠很遠的地方……
山裡的車站旁……

A ③唱歌。座頭鯨會發出唱歌般的複雜聲音，在海中與同伴溝通。

在某個晴朗的日子，我和很多兄弟姊妹一起飛起來。
媽媽，你不怕嗎？
嗯……有一點。
但是第一次看到這麼廣大的世界，我覺得很開心呢。
當我飛累了，就落在火車的車頂上……
在火車轟隆轟隆的聲音中，稍微休息一下。
雖然晚上偶爾也會因為寂寞而哭泣，
不過有月亮在安慰著我。

心與大腦窺探器Q&A

Q 雄性大猩猩為什麼拍打自己的胸口？①通知危險 ②宣示自己很強壯 ③求愛

A ②宣示自己很強壯。雄性大猩猩會咚咚咚的拍打自己胸口，向其他雄性宣示自己很強壯，減弱其他雄性大猩猩的對抗意識。

心與大腦窺探器Q&A

Q 以下哪種動物是人類發現「鏡像神經元」的功臣？①小狗 ②牛 ③猴子

嗯。
其實沒想像中可怕。
那你要到哪裡去呢？
我也不曉得耶……
不過，我一定會在某處成為美麗的花朵。
幫我和媽媽說一聲，請她不用擔心！
加油喔！
我似乎……
也該跟他們一起玩了。

A ③猴子。人類在研究猴子神經細胞活動的實驗中，偶然發現了鏡像神經元。

說謊鏡

我以前一直以為自己長得像漫畫人物一樣。
但、但這才是真正的我啊!!
沒想到我長得這麼英俊……
我該不會是……
世界第一的美男子吧？
沒錯，
您是世界上最英俊的人。
鏡子說話了!?
我會反映出真實，並說出真相。
忘記……
收起來了……
你的鏡子真有趣。

心與大腦窺探器Q&A

Q 將腦部活動區域可視化的技術稱為什麼？ ① ySOS ② fMRI ③ rDOG

算了啦，別生氣嘛！哆啦A夢也不是故意的。
拿代替的東西出來吧！就是那面鏡子啊！
有鏡子的話，就拿出來吧！
這、這個是……
暫時借一下沒關係吧？
對啊！
哇啊啊！
太太真是世界第一大美女。
應該是吧……
ウットリ
如果把頭髮剃成力士頭，就更漂亮了。
哎呀？是這樣嗎？
我去美容院一趟。

※害羞呆住

A ② fMRI。亦稱為功能性磁振造影，這是一種即時感測腦部活動的區域，透過影像確認的技術。

心與大腦窺探器Q&A

Q 有一種技術可以推測人類睡覺時，夢中出現的人事物。這是真的嗎？

※鎖上
ガチャ
鏡子啊~鏡子~
誰是世界上最英俊的人啊？
當然是您啊！
果然。
但是好奇怪，到現在都沒人這樣說過我。
那是因為不夠顯眼，只要在表情上多下功夫就會變得更帥了。
快告訴我該怎麼做？
小事一樁。
眉毛稍微擠近一點……對，就是這樣，威嚴感出來了。
嘴角抿緊一點，會更有男子氣概。
髮型要感覺更隨興一點。
眼睛要變成一高一低。

A 真的。雖然還在實驗階段，但目前已經有一種技術可以分析人類作夢時的腦部活動，推測夢中出現了什麼人事物。

※鏘啷

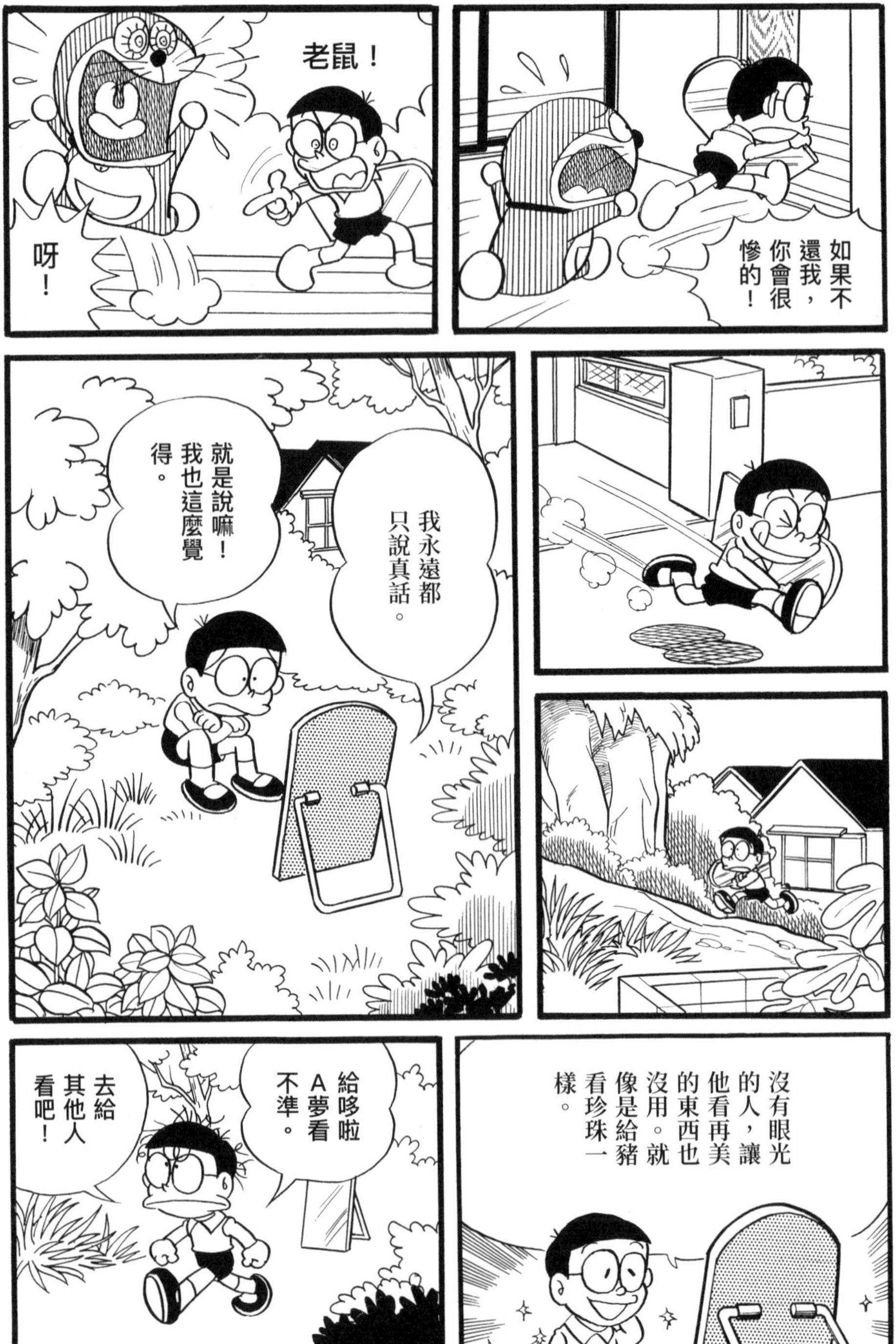

如果不還我，你會很慘的！
老鼠！
呀！
我永遠都只說真話。
就是說嘛！我也這麼覺得。
沒有眼光的人，讓他看再美的東西也沒用。就像是給豬看珍珠一樣。
給哆啦A夢看不準。
去給其他人看吧！

心與大腦窺探器Q&A

Q 模擬人類腦部構造的電腦稱為什麼？①類神經電腦 ②人類電腦

A ①類神經電腦。人類正在開發比既有電腦性能更好、模擬腦部機能與構造的腦型電腦（brain type computer）。

嘻嘻……嘻嘻嘻嘻嘻。
緊繃！
她出去練排球了。
你的表情好怪呢！怎麼了啊？吃壞肚子了嗎？
這裡竟然有一面鏡子……
您真美，不過如果照我說的去做，您就會成為世界第一美女。
哇～真的嗎!?
這樣嗎？
哇！真是美得令人目眩神迷。

Q

「倫理」是為了避免腦研究被運用在不好的事情上而研究的學問。這是真的嗎？

A 真的。「神經倫理學」是思考腦研究相關倫理問題的學問。

你們都是世界第一。
果然!!
※拿走
你竟然如此得寸進尺，還敢騙人!!
看我打爛你。
對不起啦。
知道反省了嗎？
我會反省的！
鏡子……鏡子……
好想看鏡子喔！
您其實是長這副德性。

動物也有心嗎？

動物有情感嗎？

前面的章節介紹了人類的「心靈」，讓人不禁想要猜想，動物也有心嗎？首先，讓我們一起思考動物是否也有第三章所說的情感吧！

先說結論。嚴格來說，人類還不清楚動物擁有的情感有多細微。

唯一可以確定的是，動物有一種情感，那就是「害怕」。恐懼可以避免動物遭遇危險，也是趨吉避凶不可或缺的情緒反應。因此，即使是老鼠這類比較原始的動物，通常也有敏銳的恐懼感。

事實上，在所有的情感中，「不愉快」的情緒反應可以幫助動物遠離天敵和危險，是生存下來極為重要的助力。

專家認為，儘管動物擁有「不愉快」的情緒反應，但無法像人類一樣充分感受到快樂、喜悅等「愉快」的情緒反應。

只有人類會「笑」

各位知道只有人類會「笑」嗎？人類有發達的表情肌可以做出笑容，但動物的表情肌並不發達。有些動物能做出「威嚇」對方的表情，卻無法擠出笑容。

話說回來，專家認為只有人類才有「笑」這個概念。就像嬰兒一樣，明明沒有人教他們，他們還是會笑。專家到目前為止還不清楚為什麼只有人類會笑，但有一說認為，那是在向別人傳達「我現在很幸福」的意思。全世界的人都知道笑容的意義，如果說

▲「笑容」是世界共通的語言，無須說話也能將自己的意思傳達給對方。

「笑」是人類特有的溝通方式，一點也不為過。

魚會感到痛嗎？

各位是否猜想過魚會不會痛？

二〇〇三年，賓州大學的布瑞斯威特博士等人發表一篇論文，探討「魚是否有痛覺」。魚也有類似人類的「痛覺系」神經迴路，受到外來刺激，呼吸就會加速，注意力變得散漫。聽說當魚陷入上述狀態時，可以使用人類的「鎮痛劑」減緩疼痛。

從這些研究可以推測魚有痛覺，會感到疼痛。然而，魚對於痛的感覺是否像人類一樣？這一點則是未解之謎。唯有當我們變成魚，我們才可能知道這個問題的答案。

順帶一提，同樣是人類，每個人對於疼痛的感受也不一樣。這是因為與痛感神經迴路有關的遺傳基因，每個人都不同的緣故。即使和旁邊的人接受到相同刺激，當事者會有「多痛」則是因人而異。

各位不妨想像動物有沒有心

必須遺憾的說，直到今日我們仍不清楚動物和植物是否有心，但我們都曾經感受過自己與疼愛的寵物，或用心栽種的植物「心意相通」的瞬間。重視「心意相通」的想法，對你自己的心靈來說，有很好的療癒效果。

同樣是人，我們無法看見別人的心。無論對方是動物、植物或人類，我們都只能想像對方的心情。因此，站在自己的角度想像動物和植物是否有心，也是一件很有趣的事情。

▲不須說話也有方法與動物溝通喔！

機器人（人工智慧）也有心嗎？

機器人有心嗎？

隨著掃地機器人與人型機器人的日漸普及，我們經常可以在日常生活中看到機器人工作的身影。還有搭載人工智慧（AI）的智慧音箱，機器人與人工智慧逐漸成為我們的生活夥伴。

許多小說和電影等創作作品也都以機器人與人工智慧為主題，接下來就讓我們一起思考「機器人（人工智慧）有沒有心」吧！

機器人也會「憂鬱」？

以學習結果的「滿意度」為根據，決定下一次的行動，不斷重複這個過程的學習方法稱為「強化學習」。其特色是嘗試各種方法，找出最適合自己的，近來人工智慧也搭載強化學習程式。

事實上，目前已知重複執行強化學習的人工智慧中，有些會陷入像人類一樣的「憂鬱」狀態。

人工智慧依照「報償」與「懲罰」執行強化學習，藉此學會所有行動。其中一部分的人工智慧認為「懲罰比報償可怕」，在執行強化學習時變得消極。這個反應與人類很像，從這一點來看，可以說「人工智慧擁有情感的可能性很高」。

聆聽煩惱的人工智慧

世上如果有「機器人煩惱諮商室」，各位會不會去？向機器人傾訴自己的煩惱，聽起來有點冷漠。

實際上，人類從一九六〇年代就已經在做人工智慧的諮商實驗。有些使用者認為比起找人類諮商，面對人工智慧諮商師更容易說出心裡話。原因包括「無論講幾個小時，人工智慧都能耐心聆聽」、「一些無法對人類啟齒的煩惱，也能輕鬆的對人工智慧說出口」等。或許在不久的未來，「人工智慧諮商師」再也不是特殊的角色。

懂得「創作」的人工智慧

有人說，人工智慧與人類的差異在於「創造力」，意思是人工智慧沒有創造的「心靈」。其實這個說法是錯的，人工智慧也能寫文章或吟詩作對。

「新聞報導」就是其中一例，如今已經能夠看到人工智慧自動生成的新聞報導。美國有好幾家公司寄送人工智慧自動生成的報導給訂戶，每年可提供超過十億則文章，這個數量相當驚人。

人工智慧擅長生成以「分析數據」為主要內容的報導，包括體育、經濟和天氣預報等等。或許以後我們再也不能說「創造力是人類專屬的能力」了。

▲人工智慧也會寫「詩」。曾經有人舉辦一場比賽，讓人工智慧模仿莎士比亞的風格寫詩，看有沒有人分辨得出哪首詩是人工智慧寫的，哪首詩是莎士比亞寫的？

「人工智慧有心嗎？」這句話讓我們思考「心究竟是什麼？」

如同「動物有心嗎？」這個問題，我們現在也同樣無法明確回答「人工智慧是否有心」。原因是人工智慧正在發展，我們還不知道未來它會接近人類到什麼程度，也不清楚「心究竟是什麼」。

如果能有一個容易理解的定義，例如「心就是有情緒反應」，那麼我們可以輕鬆斷言：「人工智慧有情緒反應，所以它有心。」話說回來，心沒有正確的解讀方法，因此我們很難簡單的回答問題。

思考人工智慧的心，能讓我們深入思考「心究竟是什麼？」這個命題。

▲機器人有心嗎？你也來思考看看吧！

「心」的未來將如何發展？

關於「心」的最新研究

第一章曾向各位介紹過，關於人類心靈的研究從西元前開始。隨著最新工具的發明和技術進步，心靈的研究也日新月異。

接下來為各位介紹與「心」有關的最新研究。

靠念力就能移動物品的腦機介面

如果我們只要在心中想就能移動物品，各位想移動什麼呢？

「腦機介面（BMI）」是一種能夠感測、分析人類腦部的資訊，依此操作機械或電腦的技術。如今有許多國家和企業積極推動腦機介面的研究，希望有一天能真正實現。在最新研究中，已經有人透過測量、解析腦波與腦部血流，成功操控機器人。

雖然目前還在研究階段，尚未實用化，但只要成功開發出腦機介面，義肢（手或腿）、輪椅就能按照當事者的意念活動，還能將重物搬運到自己想要的地方去。此外，我們無須伸出手敲打電腦鍵盤，就能打字或玩電腦遊戲。

一想到這樣的未來，就忍不住感到興奮。

▲在不久的將來，我們只要靠念力就能操作機械。

iPS細胞擴展腦研究的可能性

各位知道iPS細胞嗎？它是一種有能力「可以變成各種細胞」的細胞。目前醫療界有一種正受到全世界關注的療法，稱為「再生醫療」，專門治療因受傷或生病遭到破壞的細胞或器官使其重生。

二〇一二年，京都大學的山中伸彌教授憑藉iPS細胞的研究，榮獲了諾貝爾生理學或醫學獎。事實上，專家已經成功利用iPS細胞培養出腦細胞。

成功研發「iPS細胞」對於推動腦研究有兩大好處，一個是可以詳細觀察腦部的發展過程，另一個則是揭開腦部疾病的祕密。持續利用iPS細胞研究腦部疾病，有助於揭開病因，開發新的治療方法。

此外，以iPS培養出的腦不僅可以打開各種研究的可能性，人們也在議論iPS腦是否有「心」。今後隨著iPS細胞的研究逐漸演進，或許也會出現全新觀點，讓我們從不同角度解讀「心靈」的意義。

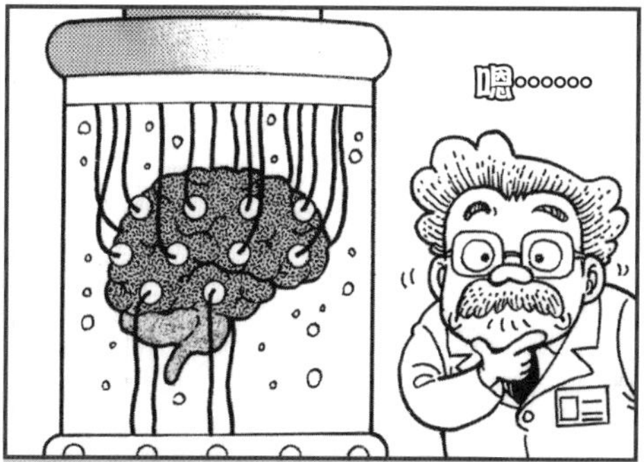

▲「iPS 腦有心嗎？」關於這一點，專家也有許多看法哦！

隨著技術革新與時代變化「心」的定義也持續演變

人工智慧與iPS細胞的出現，讓人們在討論「心的定義」上產生了變化。

未來隨著時代演變，我們解讀心靈的方法一定也會改變。機器人與人工智慧的研究日新月異，我們將能更進一步了解人類的心靈。或許有一天，我們就能斷言「人工智慧是否有『心』」了。

知識小專欄 「讀心術」可以解讀內心嗎？

雖然第一章說過「我們無法解讀別人的心」，但這並非絕對不可能的事情。

第一步要研究「讀心術」，分析腦內訊號的模式，接著解讀內心的想法。讀心術不是直接窺視內心，而是透過電腦分析腦部訊號，重現內心的模樣。雖然不是真的「讀心」，但現在已經有實驗證實，我們可以從外部大略推測某人現在正在看什麼文字或圖像。

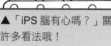

控制器

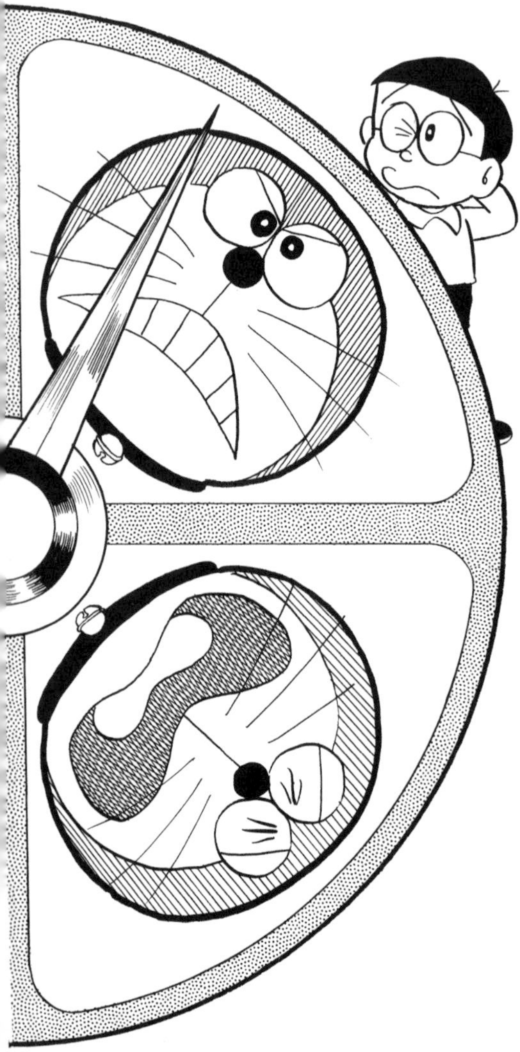

之前去郊遊的照片，我做成幻燈片囉。
可以去看嗎？
請務必光臨。
我們也要去。
想來就來吧。
哼！
哎呀？是哼子。
你也過來一起看吧……
啊！別找他啊……

表情

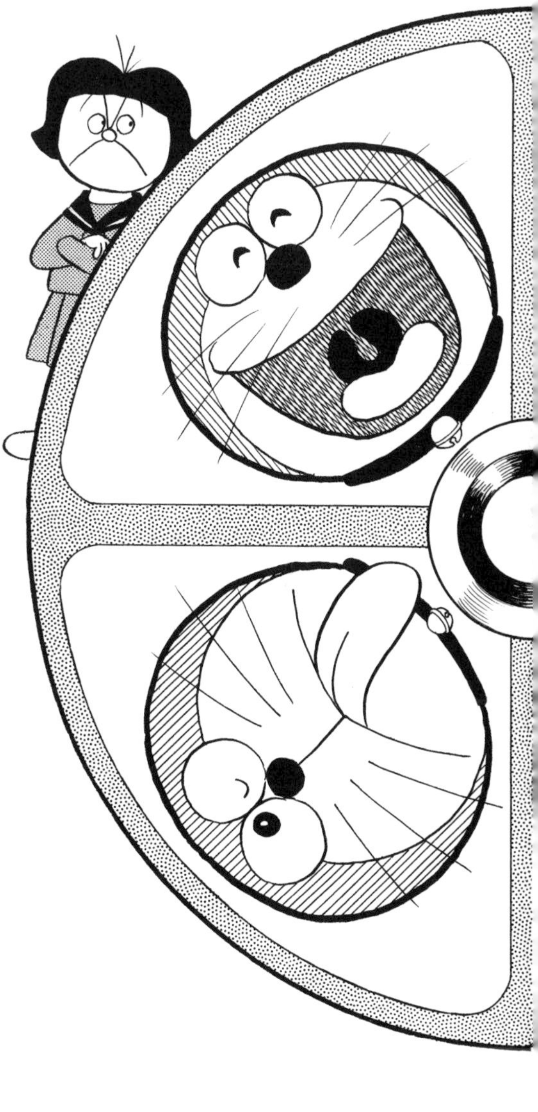

哼！
她說不想看。
太好了。
那才不是好事！
為什麼大家都不和她來往呢？
因為她給人的感覺很差啊，總是一副苦瓜臉。
對啊，從沒看她笑過。
只要有她在，感覺就很不舒服。

你們說得太過分了！
好吧。
如果哼子不去，那我也不去了……
靜香不來就沒有意義了。
你們去約哼子過來吧！
這樣靜香才會來。
否則就不讓你們看。
你負責去找吧……
怎麼這樣!?
要是這麼簡單就約得到……
那我也就不用煩惱了。
啊，醜八怪。
不對，哼子。
你高興一點嘛～我們把你當朋友，所以一定要來喔！

心與大腦窺探器Q&A

Q 科學已經證實「催眠術」是真的。這是真的嗎？

A 真的。催眠狀態是腦部實際發生的現象。催眠療法也用來治療心理失調。

哼！
你的表情就不能再柔和點嗎？
臉被抓了。
沒辦法了。
那傢伙！
那樣當然會被人孤立啊……
你在說誰啊？
就是因為被人孤立，所以表情才會越來越臭的吧？
因為你不認識哼子，所以才那麼說的。
與其要叫她微笑……
倒不如叫貓、狗捧腹大笑，還比較簡單呢。
要不要試試看這個？
這是「表情控制器」。
用天線指著對方，一按下按鈕，電波會控制臉部肌肉，讓她做出你想要的表情。

※生氣、生氣、轉動、轉動

心與大腦窺探器Q&A

Q 大約有多少比例的人無法進入催眠狀態？①百分之五 ②百分之二十 ③百分之四十

A ②百分之二十。每個人進入催眠狀態的難易度不同，有百分之十的人很容易被催眠，也有百分之二十的人完全無法被催眠。

微微抽動
啊！嘴角在動了。
拚命
慢慢拉開
笑了!!
這真是奇蹟啊！
哈哈！
怎、怎麼會這樣？我竟然會笑!?
大家都很期待你來喔……
拜託你也一起來嘛。
哼！油嘴滑舌的……
當心我抓花你喔，滑頭的四眼田雞。
…………
一邊笑一邊罵人，完全沒有魄力。
跟你去吧！
呼～太好了。
真的嗎？
哼子要來喔？
果然！我不在比較好吧？對吧？

心與大腦窺探器Q&A

Q 適當的睡眠時間是遺傳決定的。這是真的嗎？

A 真的。每個人需要的睡眠時間不同，一個人屬於「長眠者」或「短眠者」體質，基本上是由遺傳決定的。

笑起來就像變了個人似的。
沒想到她還滿可愛的。
對啊，她的笑容真讓人愉快。
雖然我不是因為高興才笑的……
看你笑，我們也想笑了。
喂！認真看幻燈片啊……
啊哈哈～
因為讓平常不苟言笑的她笑太多，結果下巴脫臼了。

快樂散步道

進家門的心情真沉重。
今天的考試又拿零分了。
對了！先去找靜香玩……
只要一和靜香聊天，
心情就會變得愉快。
※愁眉苦臉
我被媽媽罵了……
只因為考了85分……
媽媽要她再用功唸書！
那我該怎麼辦？
心情變得比之前更差了……

※愁容滿面

ショボクレー
請問……
我想可能還是沒用……
什麼事？
我是百科全書的推銷員。
你要買嗎？
對寫作業很有幫助喔……
也許會讓你的成績進步。
不要跟我提成績的事!!
果然……
到目前為止，都沒有人要跟我買書。
我已經厭惡這個世界了……
垂頭喪氣
每個人……
都會讓我的心情更灰暗。
我什麼都不想做了。

心與大腦窺探器Q&A

Q 與憂鬱症息息相關的神經傳導物質是？①β—腦內啡 ②血清素 ③組織胺

A ②血清素。目前還不清楚憂鬱症確切的發病原因，有一說認為血清素不足容易引發憂鬱症。

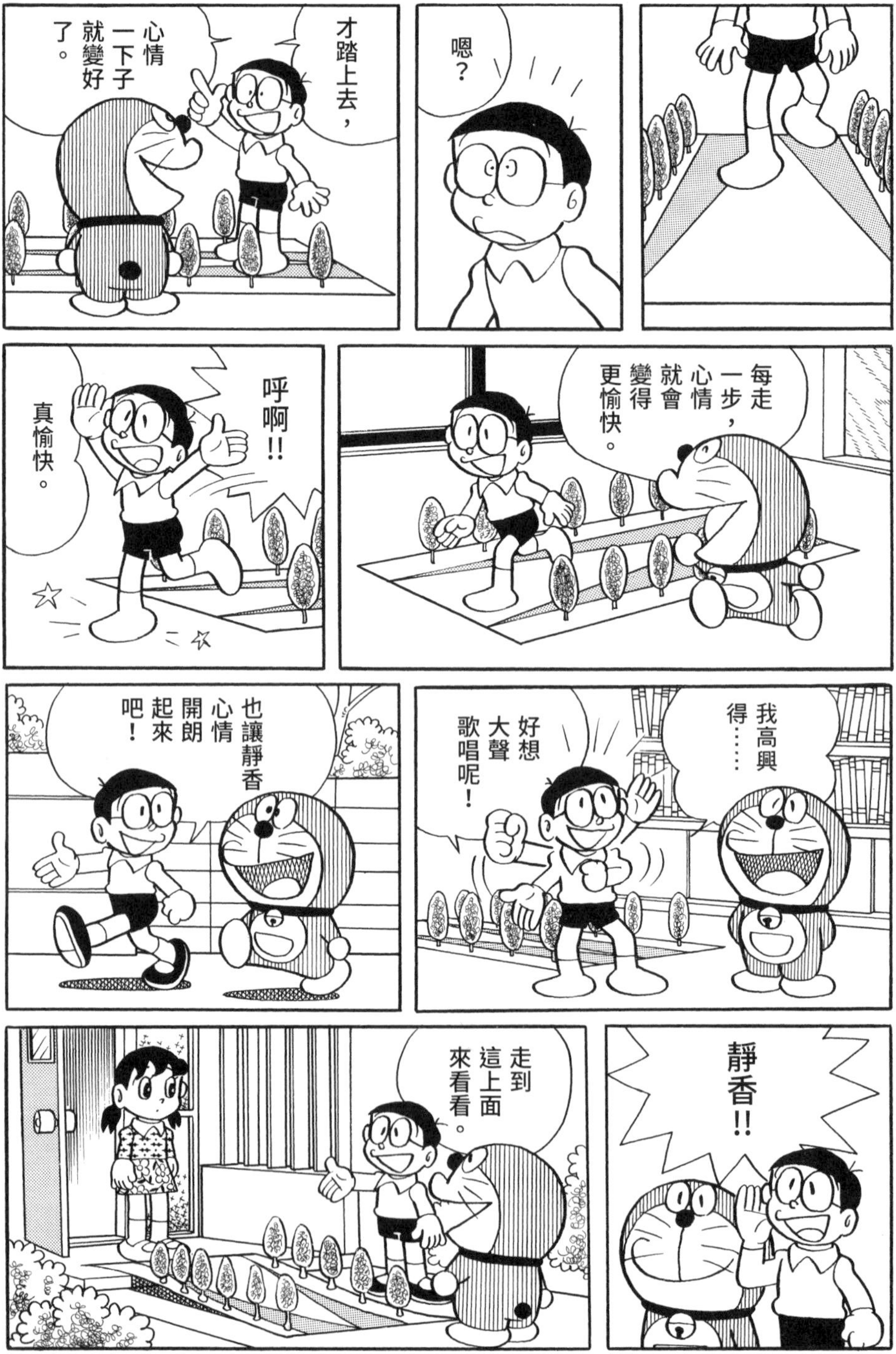
嗯？
才踏上去，
心情一下子就變好了。
每走一步，心情就會變得更愉快。
呼啊!!
真愉快。
我高興得……
好想大聲歌唱呢！
也讓靜香心情開朗起來吧！
靜香!!
走到這上面來看看。

心與大腦窺探器Q&A

Q 有些感冒藥與止瀉藥添加的成分可能使人精神渙散。這是真的嗎？

A 真的。「乙醯膽鹼」可誘發「θ波」，提升專注力，但有些藥物成分會阻礙乙醯膽鹼發揮作用。

請走。
叔叔，等一下。
有人在嗎～
我這裡有套超有趣、又實用的百科全書。
這能幹嘛啊……？
聽小夫說……
大雄又考零分了！
賣出一套了!!
是媽媽！

Q

將某項記憶與特定香味結合，讓自己在睡眠期間聞特定香味就能強化該項記憶。這是真的嗎？

A

真的。實驗結果顯示，記憶時聞玫瑰花香，睡眠期間也聞玫瑰花香，就能讓大腦牢牢記住該項記憶。

………………？
有什麼關係嘛？只是考了零分而已，何必悶悶不樂呢!?
太好了。
媽媽實在覺得好丟臉、好丟臉……
我不想活了……
一不小心又走反方向了，真傷腦筋哪……

「心理失調」是什麼狀態？

心靈不會永遠健康

就像我們的「身體」會感冒、生病，「心靈」也會有不舒服的時候。有時候我們會喜不自禁，有時候我們的情緒也會沒來由的陷入低潮，感到焦躁、不痛快。各位在什麼時候會覺得「心理失調」呢？

每個人都會心理失調，這很常見。由於這個緣故，每當你覺得「今天沒什麼精神」、「今天狀態不好」，請不要勉強自己，好好休息，遠離壓力。就像我們感冒要讓身體休息一樣，讓心靈好好休息也很重要。

▲好好休息對於維持心理健康十分重要。

心理疾病很常見

當內心持續失調，就會罹患心理疾病。

「憂鬱症」是最具代表性的心理疾病。憂鬱症的症狀包含情緒低落、無精打采、感覺悲觀、無法入眠等。其他還包括頭痛、暈眩、食慾不振等，各式各樣的症狀。不過，每個人會出現的症狀，通常都不一樣。

目前已知憂鬱症的發病原因來自大腦內部。有一說認為影響感情和情緒的神經傳導物質分泌量減少，才會引發憂鬱症。至於詳細原因，還有許多未解之謎。

「飲食障礙」也是一種心理疾病。包括了因為覺得自己「很胖」而採取偏激的飲食控制或是絕食的「神經性厭食症（厭食症）」，以及在暴飲暴食之後，再催吐或吃瀉藥排出食物，不斷重複這個過程的「神經性暴食症（暴食症）」。

無論罹患哪一種飲食障礙，都會讓人無法攝取營養，引發各種身體狀況。最糟甚至可能因為營養失調、休克等症狀致死。飲食障礙是很恐怖的疾病。不僅如此，還會因為營養無法進入腦部，於是開始萎縮、記憶力降低，有時還會改變個性。罹患飲食障礙的原因大多是減肥，百分之九十五的患者是青春期或年輕女性。

任何人都可能罹患心理疾病，原因並非患者的「心靈抗壓力較差」。各位如果感到不安，或心中有什麼煩惱，請務必向身邊親友傾訴。如果不方便向身邊親友說，也可以打電話找專人諮商。

衛生福利部安心專線

1925（依舊愛我）

治療心理失調的醫師和諮商師

心理疾病和身體疾病一樣，只要接受治療就能夠痊癒。如果置之不理，病情會越來越嚴重。因此一定要早期發現，早期治療。

身心科醫生（或稱精神科）、臨床心理師與心理諮商師是治療心理疾病和心理失調的專家。

身心科醫生是專攻身心醫學的醫師，除了心理療法之外，也能使用藥物治療。

另一方面，臨床心理師與心理諮商師主要是透過諮商等心理療法，幫助患者恢復心理健康。但與身心科醫生不同的地方在於，他們沒有醫師執照，所以不能開立處方藥給患者。由於這個緣故，他們必須花時間和患者深談，給予患者各種協助，了解造成心理疾病的原因（肇因），同時建議患者該如何面對。

該看哪一種醫生，要看患者的症狀和目前狀態。還有許多方式也有助於改善心理失調，各位如果覺得有情緒問題，請務必和身邊親友或學校的輔導老師聊聊。

▲心理失調與身體失調一樣，都有專業的醫生治療。

控制情緒的方法

心理失調有許多原因，情緒失控也是其中之一。當憤怒、恐懼等不愉快的感覺持續出現，內心就會變得不穩定；即使是快樂的情緒久久不散，也很可能讓人過於興奮或罹患成癮症。沒有情緒反應雖然令人困擾，但被情緒操弄的結果更是棘手。

控制情緒的第一步是了解自己現在有什麼感覺。簡單來說，無論有什麼感覺都不能假裝「沒感覺」。承認「我很生氣」、「我很悲傷」，就能找到因應方法。在第三章時已經說明過

▲面對並接受自己的情緒，是與情緒和平相處的好方法。

面對各種情緒的方式。

知道如何宣洩壓力就能減輕壓力

各位感受到過「壓力」嗎？壓力來自於受到外部刺激時感受到的負擔和責任，也是身心失調的一大原因。每個人感到壓力的原因不同，不喜歡的人事物、不想去的地方都會讓人不開心。昨天覺得沒什麼的事物，也可

▲事先準備好遠離壓力的後路，就再也不怕壓力了！

能在今天讓人倍感壓力。

正因為各式各樣的事情都有可能是造成壓力的原因，我們很難避開。不過，我們可以處理壓力，想出「解決壓力的方法」，或為自己「打造遠離壓力的避風港」，例如看書、聽音樂、運動等。各位不妨也想一個適合自己的方式宣洩壓力吧！有時候不用真的做什麼事，只要相信「這麼做可以遠離壓力」，就能讓我們減輕不少負擔。

如此一來，我們再也不怕感到壓力。當我們認為「感到壓力也沒關係」，就會發現感到壓力的機率越來越小。

「生理回饋」可以控制心靈？

「坐著就能讓心跳加速」、「人可以控制自己的大腦活動」──你認為這是真的嗎？事實上，只要經過訓練，這兩件事都做得到。

訓練方法包括「生理回饋（Biofeedback）」。生理回饋是利用心跳、血壓、腦部活動等，測量自己的身體和心理狀態，即時監測相關數值。舉例來說，隨時測量心跳數，轉換成可見的數值，在此狀態下持續訓練，就能控制心跳加快或減慢。

此外，若加上其他數值，搭配不同訓練，就能靠生理回饋控制腦部活動。我們可以活化，甚至控制第四十六頁介紹的「杏仁核」。杏仁核是與情感息息相關的部位，若能控制此處，或許我們就能控制情感和心靈。

知識小專欄 瑜珈和冥想的效果

跟生理回饋一樣，瑜珈和冥想也能有效控制心靈。

大家都說持續練習瑜珈，就可以隨意控制心跳次數與呼吸次數。此外，若成為冥想高手，也能隨意釋放 γ 波（Gamma 波），提升注意力和集中力。數據顯示，即使還未達到高手等級，一般人每天冥想 20 分鐘持續 5 天，就能看出腦部活動的變化。

瑜珈和冥想無須特殊儀器就能做，也不用到特定場所，是每個人隨時隨地都能嘗試的方法。

有什麼方法可以讓心靈充滿活力？

多「散步」提升記憶力

在上一篇漫畫的內容裡有提到，只要在「快樂散步道」上走路，就能讓心情開朗。

事實上，已經有實驗證實，不需要使用祕密道具，「散步」對心靈確實有正面的影響。

美國伊利諾大學的克拉默博士等人，以五十五到八十歲的男女共六十人為實驗對象，請他們每週三天、一天散步四十分鐘。半年之後，實驗團隊調查受試者的腦部變化，發現海馬迴大小平均變大百分之二。不僅如此，他們的記憶力也變好了。

▲散步不僅能讓身體舒暢，內心也充滿活力。

散步可以讓人心情愉快，還順帶讓記憶力變好，真的很不可思議。各位覺得心情煩悶或唸書唸到很累的時候，不妨出門稍微走走，對你會很有幫助哦！

運動可以讓身心靈都變健康

目前已知不只是散步，運動也能讓心靈充滿活力。尤其是，許多論文都已經證實，運動有助於減輕「憂鬱症」的症狀。

雖然還有許多研究尚未釐清，為什麼運動有助於憂鬱症的治療。不過，其中一個原因就是，運動可以分解導致憂鬱症的物質。運動可以活化肌肉細胞，分解「犬尿氨酸（kynurenine）」，進而改善憂鬱症的症狀。

有人可能認為在心靈疲累的時候運動，應該會感到更累才對吧。不過，各位不妨嘗試看看，運動之後反而會感到神清氣爽喔。

重視自尊心

珍惜自己的態度、認可自己的優點並尊重自己的情感稱為「自尊心」。這是一種對自己感到「驕傲」、「自豪」的感覺。

重視自尊心有助於保持內心平靜。有了自尊心、對自己有自信，就不會和他人比較，減少忌妒、自卑等感受。雖然自尊心太強，無視周遭意見也是一大問題，但只要自尊心拿捏得宜，就不會感到無謂的不安和壓力。

了解自己的優點是養成自尊心的關鍵。不要一直想著「自己做不到的事情」，多看自己「會的事情」以及「擅長之處」，對自己更有幫助。世界上沒有完美的人，不會做某些事也沒關係。只要接受自己擅長的部分並加以精進，慢慢克服自己不會的事情就可以了。

▲從小事開始，找到「從不會到學會的事情」。

此外，不要老是想著要和「別人」做比較，要和「自己」比較。不要想著「和他比起來，我只是個〇〇」，換個角度去想「和昨天的我比起來，今天的我〇〇」，這樣才對。如果周遭的人對你說「某某人比你更〇〇」，你也不要在意。你是你，別人是別人。努力實現「與過去的自己相比，現在的自己是最好的」，拚盡一切達成目標，就能產生自信。若能成功培養自信，提高自尊心，就能讓心靈充滿活力。轉念是很重要的。

知識小專欄

年紀越大，大腦越幸福？

據說年紀越大，大腦越容易感到幸福。聽到這個結論，你是否感到驚訝？

美國科羅拉多大學的伍德博士做了一個實驗，他以 20 歲左右的年輕人與 55 歲以上的年長者為對象，以隨機的方式讓他們看容易產生不愉快情緒的照片、容易誘發樂觀情緒的照片，以及看不出明顯反應的照片。結果發現年輕人對於不愉快的照片產生激烈反應。簡單來說，年長者的內心不容易受到不愉快的狀況影響。

此外，其他的實驗結果也顯示，年紀越大的人，其杏仁核較容易產生正面情緒，勝過負面情緒。

要成爲偉大的爸爸

我回來了！
歡迎回來～
路邊一棵～榕樹下～是我～～
別唱了，現在很晚了！
是爸爸。
爸爸回來啦？
哎呀！是我的兒子！
都長這麼大了啊～
爸爸心情很好呢！

水來了。
謝啦，我親愛的兒子啊……
對了，我有事情想拜託爸爸。
好啊！儘管說，不用跟爸爸客氣。
其實我之前也說過，我想在房間放一台彩色電視機……
ブーッ
※噗～
路邊一棵～榕樹下～是我～～
爸爸好奸詐喔！
這麼晚了，小孩子快點去睡覺!!
你成績又變得更差了吧？
大雄，你快上床睡覺！
眞不公平！
爸爸自己還不是玩到很晚才回家……
變成大人以後都是那樣的。
晚安。

心與大腦窺探器Q&A

Q 留下「我思故我在」這句名言的知名哲學家是哪一位？①柏拉圖 ②佛洛伊德 ③笛卡兒

眞是這樣嗎……
我長大以後絕對不要變成那樣。
我才不會突然提到成績的事來欺負我的孩子。
如果有錢去喝酒，
不如拿來買電視給孩子。
而且不會叫他唸書，還會給孩子很多零用錢。
我會成爲一個體貼、理性的爸爸。
※認真
停！
我勸你不要說了！
爲什麼？
你的決心一定撐不過三天的。
別把我當笨蛋！
對了！
我去看看。
你要去哪裡啊？
到25年後的世界去。
我要去看看自己變成多麼偉大的爸爸。

A ③笛卡兒。笛卡兒是法國哲學家，其主張的「心物二元論」十分有名，從此建立心靈與身體為不同個體的觀念。

心與大腦窺探器Q&A

Q 刺激腦部的味覺區域，即使沒吃東西也能感受到「味道」。這是真的嗎？

A 真的。某實驗小組直接刺激老鼠的腦部，成功讓老鼠在沒吃東西的狀況下感受到「甜味」。

心與大腦窺探器Q&A

Q 哪個營養素可以有效預防腦部疾病「阿茲海默症」？①WHO ②VHA ③DHA

A ③DHA。亦稱為二十二碳六烯酸，是富含於鮪魚、秋刀魚和鰤魚等魚類的營養素。

三月十日雨天。成績退步被爸爸罵，雖然爸爸說「以前我都是維持在第二名」，
事實上他是倒數第二名，這些事情我都知道。
我突然不想成爲大人了……
大助，你還沒睡啊？
說話別那麼臭屁，
我和你一樣是大雄！
大雄？
你是大雄？
對了！我想起來了!!
小時候的我曾經到未來去見自己。
好懷念啊！
ブチャ

※啾咪

心與大腦窺探器Q&A

Q 哪個部位沒有「痛覺」，不會感到疼痛？①心臟 ②頭皮 ③腦

A ③腦。腦部本身沒有痛覺，直接戳腦部也不會痛。

你好不容易來到這裡！
今晚，我們盡情的喝酒！
放開我，我最討厭喝醉酒的人。
我對你真是失望。
我還以爲你會成爲更偉大的爸爸！
小時候的我明明下了很大的決心，
長大的我應該要好好的做到啊！
對不起！
請原諒我……
可是……
那是不可能的事情。
你應該好好反省現在的自己。
平常不好好努力，怎麼可能有一天突然變成偉大的人呢？
失敗後反省，然後，又失敗再反省……重複著相同的日子。
唯一治好的只有近視而已。
那麼要等到什麼時候才能成爲偉大的大人啊？
這個嘛……
可能一輩子都這個樣子吧！

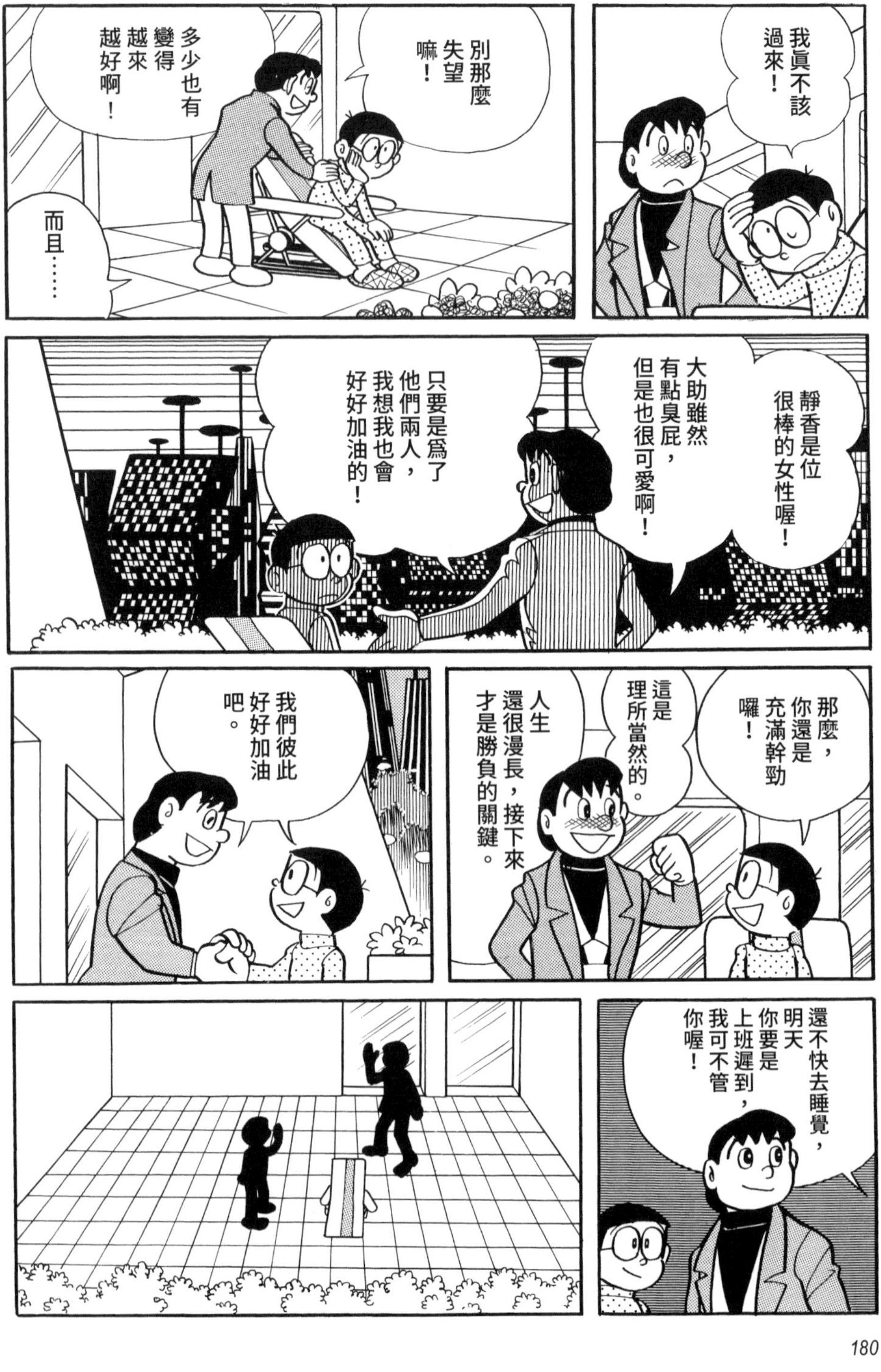
我真不該過來！
別那麼失望嘛！
多少也有變得越來越好啊！
而且……
靜香是位很棒的女性喔！
大助雖然有點臭屁，但是也很可愛啊！
只要是爲了他們兩人，我想我也會好好加油的！
那麼，你還是充滿幹勁囉！
這是理所當然的。
人生還很漫長，接下來才是勝負的關鍵。
我們彼此好好加油吧。
還不快去睡覺，明天你要是上班遲到，我可不管你喔！

心與大腦窺探器Q&A

Q 人類長到幾歲，腦部的神經細胞數量就會穩定？①一歲 ②三歲 ③十歲

好吧！
我要好好加油。
不再打混過日子了，每天都要好好唸書。
可是……
每天一直用功的話太辛苦了，每隔一天……
不，每隔二、三天……
不，在我做得到的範圍好好加油！
嗯，那種程度的決心，應該就能遵守了吧！

A ②三歲。人類神經細胞的數量在剛出生時最多，到了三歲約減少七成，一直到老年期，神經細胞的數量都沒有太大變化。

第8章 與心有關的煩惱諮商室

跟腦與心有關的簡單提問

每個人在日常生活中都會遇到困擾，對某些事感到懷疑。接下來請腦研究專家池谷裕二老師，為各位解答與「心」有關的煩惱和疑問。

首先為各位介紹跟腦與心有關的提問。腦部機制和心靈運作充滿了不可思議的奧祕，一起來看看以下的問題和回答！

提問1

為什麼聞味道會聯想起過去的回憶？

嗅覺是五感（視覺、聽覺、觸覺、味覺、嗅覺）中最原始的感覺。人類一開始就有嗅覺，接著發育腦部，之後再發展出視覺。

除了嗅覺之外，所有資訊在進入腦部之前，會先通過中繼點「視丘」。唯有嗅覺是直接從鼻子進入腦部，傳遞至主司記憶的海馬迴。

總而言之，嗅覺與記憶的儲藏庫，以及它的製造工廠緊密相連。這就是嗅覺會喚醒記憶的原因。

此外，視覺看不見我們的背後和陰暗的地方，但嗅覺可以聞到從我們看不見的地方傳過來的味道。許多動物都很仰賴嗅覺，人類也是。

提問2

為什麼我們較容易記住不好的記憶？

從生物學的角度思考，攸關性命的事物是最值得留下的重要記憶。最初，人類留下記憶是為了盡可能的活久一點。有鑑於此，危及性命的「不好」記憶很難從我們的腦中抹去。

人類因為學會了享樂，因此也能夠製造愉快的記憶。

不過，與動物生存密切相關的「不好記憶」，較容易深植腦海裡一輩子。

提問3

當我們專注做某件事，就難以突然轉做其他事情。有沒有什麼好方法可以轉換思緒？

與各位分享我在上班前使用的小祕訣。

首先，閉上雙眼，端正身體姿勢，想像一個可以放在掌心裡的球。接著想像將這顆球放在頭頂，維持身體平衡，不讓球掉下來。三十秒之後思緒就能轉換。

這三十秒在心理學上是很重要的時間。當我們仔細盯著一個字看，一段時間之後文字就會崩壞，這個現象稱為「語義飽和（semantic satiation）」，只要三十秒就會出現語義飽和。換句話說，這三十秒是腦中的意識接收該工作了指令的時間。

如果你想轉換思緒，建議切出三十秒的時間。想集中注意力時，不妨試試想像「頭頂球」的方法。

提問4

我常作惡夢，請問夢有意義嗎？

不瞞各位，目前人類還不知道作夢的真正目的。夢裏面出現的內容，大多來自於我們的實際經驗。不管是好夢或惡夢，人類夢見的機率應該都是一樣的。重點是，夢醒後就忘了。我們之所以對惡夢有記憶，是因為作惡夢很容易嚇醒。越可怕的惡夢，事後越容易想起。

接著要回答的是與朋友家人之間的人際關係煩惱。或許你能從中找到答案，解決自己的問題。

提問5
我想要有可以說真話的朋友，怎麼做才能交到這樣的朋友呢？

不如就試著將目前的朋友全部轉換成可以說真話的朋友吧！你可以先對朋友敞開心房，對他們說出真心話。你的朋友一定也會很開心，認為你只對他坦白、你只對他說實話。由於這個緣故，對方一定會認真聽你說話。這個時候請運用心理學的說話技巧，以「這件事我完全無法對別人說」為開場白，傳達出「你對我來說很特別」的弦外之音。

提問6
為什麼孩子都不肯聽大人的話？

活得比較久的人（大人）人生經驗比較豐富，也較了解社會規則。事實上，聽大人的話能讓自己的人生路走得更順暢。

話說回來，為什麼孩子都不肯聽大人的話？那是因為孩子天生就沒有對父母言聽計從的天性。聽到這句話，各位應該很驚訝吧？

從前，在狩獵採集時代，父母是不養育小孩的。媽媽生完孩子，哺乳一年後，又懷上第二個孩子。女性不斷重複懷

孕、生產、哺乳的生活，三十歲左右就死亡。這是那個時代人類女性最常見的人生路，連孩子的父親是誰都不知道。既然如此，是誰負責養育小孩的呢？負責照顧小孩的是同年齡的孩子，或是哥哥姐姐。由於這個緣故，最能影響孩子的是他身邊的同齡好友。

總而言之，從生物學的角度來說，孩子不聽大人的話是理所當然的結果。

提問7 看到自己喜歡的人時，為什麼心臟會撲通撲通的跳？

容我先說一下小鳥的羽毛。其實小鳥的羽毛並不是為了在天空飛而發展出來的。

目前已經證實，鳥類的祖先是為了保持體溫才發展出羽毛。後來在進化過程中，鳥類將羽毛運用在其他用途上，成為飛翔的重要工具。這個過程在生物學上稱為「擴展適應」。

不只是鳥類，人也是透過演化才成為人類的。戀愛的心情是人類才有的心理作用，但並不是在演化成人類之後，才第一次萌生出愛情。而是像鳥類的羽毛一樣，將原本有的其他情感借過來用。

這個其他情感就是愛小孩的心。人類在育兒的過程中，大腦會分泌催產素，使腦部活化，熱血沸騰。總而言之，為了保護小孩，我們的身體會進入備戰狀態。

戀愛的最終目的是生小孩，繁衍後代。實驗結果顯示，人類看到心儀對象的照片和小孩的照片時，腦部受到刺激的領域是一樣的。因此，我們可以說育兒與戀愛是由同一種神經主導。

此外，人類具有社會性。我們不希望在自己喜歡的人面前出醜，不想讓他們看到自己不好的一面，這是一種戰戰兢兢的感覺。

我們想要好好珍惜自己喜歡的人，想為對方做些什麼，這是種既興奮又期待的感覺。這兩種感覺交織在一起，就產生了戀愛的心動感。順帶一提，無論是哪一種感覺，都是交感神經作用的結果。

與個性和生存之道有關的煩惱

相信各位一定有感到緊張、在意他人目光、覺得沒有自信或陷入負面情緒的時候，最後就由池谷老師與各位分享，如何因應與個性和生存之道有關的煩惱。衷心希望能幫助各位度過快樂人生，活出自我。

提問8

在眾人面前說話時，總是感到十分緊張。該怎麼做才能讓自己不緊張呢？

首先請探究自己的內心，問自己「為什麼我會感到緊張？」或是「為什麼我會感到害羞尷尬？」找出原因後就跟它正面對決吧。

緊張的根源往往是我們的面子問題，例如不想在朋友和周遭人面前看起來不酷、丟臉。其實失敗雖然會讓人覺得丟臉，但這並不是什麼天會塌下來的大事。你不妨這麼想「自己失敗博得眾人一笑，反而有助於炒熱現場氣氛。」這樣不是更好嗎？只要抱持著「丟臉也無所謂」的想法上台說話，就能讓心情輕鬆許多。

此外，對動物來說，「別人看得見」意味著自己的一舉一動全在天敵掌控之中，隨時可能被吃掉。這種感覺當然不舒服。人類也是動物，一大群人盯著自己看，本來就會造成心理負擔。緊張是人類的本能，是極其自然的反應。從這個角度想，或許就能放鬆一點。

提問9
怎麼做才能
不在意他人眼光？

人類是一種具有社會性的生物，一定會在意別人怎麼看自己、如何評價自己。

沒有人想讓別人看到自己失敗的模樣，因此當自己失敗犯錯，一定會特別在意別人怎麼看。不過，若完全沒有人看自己，又會覺得很孤單。而且有趣的是，當我們做某件事做得很好，又很希望別人看到我們成功的樣子，想受到外界矚目。

在意他人眼光並非壞事。有別人在，我們才會露出笑容，開心的向別人打招呼。別人的眼光有時是督促自己努力、再接再厲的原動力。

評價自己的是別人，受到別人好評是一件令人開心的事情。他人眼光也是讓自己成長的精神糧食。

提問10
怎麼做才能讓自己
充滿自信？

對自己過度自信的人反而容易造成他人困擾。事實上，幾乎所有人都帶有某種程度的「自卑感」，人會對自己沒信心或感到不安，於是決定再接再厲。

此外，「滿意」、「幸福」等狀態乍看之下光鮮亮麗，但也意味著沒有上進心，不想再繼續努力，更上一層樓。

自卑感和不滿等負面情緒是上進心的原動力。慢慢消除對自己沒信心的部分，讓自己逐漸成長，才是漫長人生中最大的樂趣。

後記 用「心」串聯全世界

池谷裕二（東京大學藥學系教授）

「心」在心臟嗎？

「心靈」的心就是心臟的「心」，事實上，「心」這個字是模擬心臟外形的象形字。「乚」是心臟的本體，左撇與右兩點代表從心臟出來的血管。英文的「心」是「heart」，也是心臟的意思。從這個角度來看，心等於心臟的想法全球共通，最早可以回溯至兩千三百年前的古希臘時代。讀完這本書之後，各位一定能更加理解心靈與身體密切相關，無法分割。

接下來要問各位一個問題，各位知道幾個以心為部首的字呢？請全部寫出來。

思、悲、怠、怒、恥、戀、忍、惑、恐……數量真的很多。

若將豎心旁的字也加進去，還包括快、悔、忙、懷、憧、惱、慘、惜、悅……等，族繁不及備載。

另外，悲傷、羞恥、恐怖、煩惱、戀愛、憧憬等，也全都是心的一部分。

心就像萬花筒一樣，在我們體內變化出各式各樣的形狀。我們因為有心，人生才有意義。

最近有一個研究很有趣，美國的韋斯曼博士以世界各國人士為對象，詢問他們對於事物的感受和看法，問了許多問題，並分析其答案。結果發現，無論國籍、語言和年齡，心中的想法全世界都差不多。

根據調查結果，心靈有經驗、認知和情感等三大面向。「經驗」指的是肚子餓、疼痛、害怕等自然的身體反應。「認知」指的是理解、記憶、聽聞事物等腦部功能。最後的「情感」是以悲傷、羞恥、驕傲等形式出現。調查也證實上述三種力量建構了心靈，這是全世界的共識。

心給人一種「只有自己知道」、「專屬於己」的印象，事實上，大家的心靈「形狀」都很類似。換句話說，大家對於心靈產生的疑問、驚奇和煩惱大致相同。既然大家都對心靈感興趣，如果有一本書可以詳細說明心靈的功用，以及變成各種形狀的心靈七大變化，絕對能造福更多人，這也是我撰寫本書的緣由。

「想像人心的能力」突顯出人情味

比起自己的心，各位平時是否更關心別人的心？「送什麼禮物才能讓對方開心呢？」、「我說的話會不會傷他的心？」——各位可能都如此煩惱過，可惜我們無法看透別人的心。

由於這個原因，人類的腦發展出「想像人心的能力」。想像對方內心感受的能力讓我們產生善良、助人等「為他人著想」的態度，這對我們來說相當重要。

總而言之，我們不僅清楚知道自己有心，也能想像別人有心，這樣的能力是「人情味」的來源。了解此原理之後，不妨深入追究其他人真的有「心」嗎？說不定除了自己以外，其他人都是機器人。他們都是透過程式操控，一會兒笑、一會兒哭。事實上，他們可能都是沒心沒感情的機器。

若一味的懷疑他人的心，就會質疑「其他人」是否真的存在於這個世界。只追尋確實存在的人，最後找到的就是自己。因為我們只能感受到自己的心，以這個標準來看，只有自己是確實存在的人。

我建議各位，連自己也要懷疑，深入追究自己的心是否真實的存在。我們會不會受到其他人的影響，才相信「自己有心」呢？

事實上，若徹底質疑心是否存在，全世界所有的「心」都會完全消失。不只是其他人的心不存在，就連自己的心也不保。因為心並不是有形體的東西，無法眼見為憑。

心是自己與世界的黏著劑

話說回來，比起無心的世界，有心的世界更加多采多姿。有了心，人們與社會變得生動鮮明、豐富精彩，自己與他人也能過得更愉快。有鑑於此，與其懷疑「心是否存在」，不妨相信「我們有心」，對我們更有幫助。

人腦還有一項特殊的超能力，那就是「可以感受到其他動物的心」。我們不只認為寵物狗、寵物貓有「心」，寵物以外的動物也有心。

不僅如此，當我們看到巨大神木，會感受到神聖的靈氣，進而綁上稻草繩開運招福。就連

我高興得……
好想大聲歌唱呢！

太陽、石頭、瀑布與路邊雜草，我們也能感受到它們的心。

有一個實驗是用針刺其他人的皮膚，監測受試者目擊這一幕時的腦部反應。各位如果看到這個場景，一定會覺得很痛，此時產生反應的部位是腦部的扣帶皮質。扣帶皮質（Cingulate cortex）是一種會推測他人的「心」、產生共鳴的腦部迴路。有趣的是，扣帶皮質不只對別人有感，我們丟東西的時候也會開始作用。我們會幫物品想像它在呼喊：「我要被丟了，我好可憐。」或是想像它哭著說：「不要丟掉我！」我們認為物品也有感情，裡面有心。正因如此，我們才會愛惜物品。

我想各位已經明白「心」究竟是什麼了，心不在腦中，而是在身體各處，包括心臟。心不只投射自己的內在狀態，也投射在他人、動物、植物和物品上。簡單來說，世界中的一切都由心串聯在一起。心是自我與世界的黏著劑。

池谷裕二

出生於一九七〇年。一九九八年取得東京大學藥學研究所藥學博士學位。二〇〇二到二〇〇五年前往美國哥倫比亞大學留學，二〇一四年起擔任東京大學藥學系教授。專業領域為神經生理學，研究腦部健康。曾榮獲日本文部科學大臣表彰青年科學家獎（二〇〇八年）、日本學術振興會獎（二〇一三年）、日本學士院學術獎勵獎（二〇一三年）等獎項。著作包括《腦與心的機制》（審訂・新星出版社）、《海馬體：大腦真的很有意思！》（合著・如何出版）、《過度進化的大腦》（講談社）等。

哆啦A夢知識大探索 11

心與大腦窺探器

●漫畫／藤子・F・不二雄

●原書名／ドラえもん探究ワールド—— 心の不思議

●日文版審訂／Fujiko Pro、池谷裕二（日本東京大學藥學系教授）

●日文版構成・撰文／淺海里奈、葛原武史（Carabiner）

●日文版版面設計／東光美術印刷　●日文版封面設計／有泉勝一（Timemachine）

●插圖／Hikino 真二　●日文版協作／目黑廣志　●日文版製作／酒井 Kaori

●日文版編輯／武藤心平

●翻譯／游韻馨　●台灣版審訂／謝伯讓

【參考文獻】

《腦與心的機制》（池谷裕二審訂／新星出版社）、《這本書讓你了解腦的一切》（岩田誠審訂／Natsume社）、《大腦動不動就找藉口》（池谷裕二著／PCuSER電腦人文化）、《不聰明的腦自信爆棚》（池谷裕二著／朝日新聞出版）、《大腦也有奇怪的習慣》（池谷裕二著／新潮社）、《腦會說謊，心不會》（高田明和著／春秋社）、《心角色圖鑑》（池谷裕二審訂／西東社）、《海馬體：大腦真的很有意思！》（合著・如何出版）、《考試腦科學》（池谷裕二著／幸福文化）、《決定版　有趣又明瞭！心理學》（涉谷昌三著／西東社）、《圖解　心理學用語大全》（齊藤勇審訂・田中正人著／誠文堂新光社）、《啟動聰明學習腦》（池谷裕二審訂／小熊出版）、《腦是超級快樂主義》（池谷裕二著／朝日新聞出版）、《大腦跟你想的不一樣：腦研究家嚴選最新腦科學新知》（池谷裕二著／台灣東販）、沖繩科學技術研究所大學官網、Brain Robot Interface官網、大阪大學官網、產業技術綜合研究所官網、北岡明佳的錯視網頁

發行人／王榮文

出版發行／遠流出版事業股份有限公司

地址：104005 台北市中山北路一段 11 號 13 樓

電話：(02)2571-0297　傳真：(02)2571-0197　郵撥：0189456-1

著作權顧問／蕭雄淋律師

2024 年 2 月 1 日 初版一刷

定價／新台幣 350 元（缺頁或破損的書，請寄回更換）

有著作權・侵害必究　Printed in Taiwan

ISBN 978-626-361-439-0

YLib 遠流博識網　http://www.ylib.com　E-mail:ylib@ylib.com

◎日本小學館正式授權台灣中文版

●發行所／台灣小學館股份有限公司

●總經理／齋藤滿

●產品經理／黃馨瑝

●責任編輯／李宗幸

●美術編輯／蘇彩金

國家圖書館出版品預行編目資料（CIP）

心與大腦窺探器 / 藤子・F・不二雄漫畫；日本小學館編輯撰文；
游韻馨翻譯．-- 初版．-- 台北市：遠流出版事業股份有限公司，
2024.2
面；　公分．--（哆啦 A 夢知識大探索；11）

譯自：ドラえもん探究ワールド：心の不思議
ISBN 978-626-361-439-0(平裝)

1.CST: 腦部　2.CST: 心理學　3.CST: 漫畫

394.911　　112021925

DORAEMON TANKYU WORLD—KOKORO NO FUSHIGI
by FUJIKO F FUJIO
©2021 Fujiko Pro
All rights reserved.
Original Japanese edition published by SHOGAKUKAN.
World Traditional Chinese translation rights (excluding Mainland China but including Hong Kong & Macau) arranged with SHOGAKUKAN through TAIWAN SHOGAKUKAN.

※ 本書為 2021 年日本小學館出版的《心の不思議》台灣中文版，在台灣經重新審閱、編輯後發行，因此少部分內容與日文版不同，特此聲明。